HISTOIRE

DE

LA TERRE

DU MÊME AUTEUR

La Vie souterraine, ou les Mines et les Mineurs.
2ᵉ édition, Paris, Hachette, 1867.

Les Pays lointains, notes de voyage (la Californie,
Maurice, Aden, Madagascar). 2ᵉ édition, Paris,
Challamel aîné, 1867.

La Toscane et la mer Tyrrhénienne, études et
explorations (la Maremme, Carrare, l'île d'Elbe, les ruines
de Chiusi). Paris, Challamel aîné, 1868.

Voyages en Californie, à l'île Bourbon, dans la mer
Rouge, à Londres (quartiers pauvres), dans le Cornouailles,
le pays de Galles, les mines de Saône-et-Loire, le Far-
West américain, les îles Chincha, publiés dans le *Tour
du Monde*. Paris, Hachette, années 1862-68.

Les Merveilles du Monde souterrain. 2ᵉ édition, Paris, Hachette, 1869.

Les Pierres, esquisses minéralogiques. Paris, Hachette,
1869.

Le Grand-Ouest des États-Unis (les Pionniers
et les Peaux-Rouges, les colons du Pacifique). Paris,
Charpentier, 1869.

Etc., etc.

L. SIMONIN

HISTOIRE

DE

LA TERRE

ORIGINES ET MÉTAMORPHOSES

DU GLOBE

CINQUIÈME ÉDITION

AUGMENTÉE

D'UN CHAPITRE SUR LE BASSIN DE PARIS

Et d'une introduction à un Cours de géologie

BIBLIOTHÈQUE

D'ÉDUCATION ET DE RÉCRÉATION

J. HETZEL ET Cie, 18, RUE JACOB

PARIS

A MONSIEUR

ÉLIE DE BEAUMONT.

PRÉFACE

Nous nous proposons de faire dans ce livre
l'histoire de la formation du globe. Nous dirons
les origines de notre planète, les événements
au milieu desquels les matières qui la composent ont été engendrées, les révolutions qu'elle
a subies. Nous étudierons la nature, l'arrangement, la distribution des masses minérales terrestres, et le caractère que celles-ci impriment
aux pays dont elles forment la charpente. Nous
suivrons le développement, la transformation
des êtres dans les diverses étapes que la vie
a parcourues depuis l'apparition du premier
germe; nous calculerons l'âge de la planète, et

nous essayerons de soulever un coin du voile qui nous cache l'avenir.

Ces premiers points établis, nous exposerons les doctrines des anciens géologues, fondateurs des premières cosmogonies, et nous parlerons ensuite de la science contemporaine. Enfin, pour passer de la théorie à l'application, nous terminerons par une étude générale des pierres et des minéraux, et nous dirons comment on explore les terrains.

Il nous importe de connaître notre demeure. La terre que nous habitons est construite de matériaux superposés, que nous allons démonter pièce à pièce pour en révéler la structure. Après avoir servi à édifier le globe, ces masses sont employées à édifier nos maisons, nos monuments, et à ce double point de vue plus d'un s'est demandé d'où elles viennent, et comment elles gisent sous le sol.

Ce livre est écrit pour tous indistinctement, et nous espérons qu'il sera compris de tous.

Bien qu'il ne soit accompagné d'aucune figure,
nous croyons n'y avoir laissé aucun point dans
l'ombre. Nous avons visé avant tout à être clair.
Pour cela, il suffisait de raconter les choses
simplement, comme elles ont eu lieu, comme
elles sont, en un mot de laisser parler le
pierres.

C'est après bien des années d'études et de
courses géologiques faites dans l'un et l'autre
hémisphère que nous avons écrit ce petit livre.
Nous y avons mis nos impressions; nous y
avons aussi présenté les idées généralement
admises par la science. Chargé d'enseigner la
géologie à l'École centrale d'architecture, nous
avons voulu résumer nos leçons, et dire surtout
à ceux qui ont mission de bâtir, comment a été
bâti le globe.

En inscrivant en tête de ces pages un grand
nom scientifique, nous n'avons pas eu la prétention de couvrir de son autorité toutes les
conclusions de ce livre; mais nous avons voulu

rendre hommage à l'un des esprits les plus
élevés de ce temps, et saluer en lui, à notre
tour, le chef illustre et vénéré de la géologie
française.

L. SIMONIN.

Paris, mars 1867.

HISTOIRE
DE LA TERRE

I.

LES TEMPS PRIMITIFS.

La Terre gazeuse et liquide. — Formation de la première
écorce. — Apparition de la vie. — Terrains éruptifs et sédimentaires. — Le feu et l'eau. — Les fossiles. — Les terrains
modifiés. — Le règne des crustacés. — Commotions volcaniques. — Soulèvement des montagnes. — Filons métallifères.
— Subdivisions de la période primitive. — Forêts enfouies.
— Caractère que les terrains de cette période ont imprimé
aux localités. — Influence des milieux.

Au commencement une masse gazeuse se dé-
tacha du soleil. Tournant sur elle-même et autour de son point de départ, elle prit peu à peu
la forme d'une boule. Une partie des gaz devint
l'atmosphère. Une autre partie donna naissance

à l'eau. La masse centrale, liquéfiée aussi, garda une température très-élevée; c'était comme une mer de feu. Insensiblement la surface de cette mer se refroidit, et une première écorce sépara le fluide igné intérieur des enveloppes qui s'étaient déjà formées. Sur cette écorce brûlante, l'eau bouillonnait, montait dans l'air en vapeurs épaisses, qui, parvenues à une certaine hauteur, se résolvaient en abondantes pluies. L'atmosphère avait une composition particulière, elle était chargée de gaz acide carbonique. Les eaux elles-mêmes étaient salées.

C'est au milieu de ces eaux salines et thermales, de cet air lourd, saturé de vapeurs, sur des roches à peine consolidées, et déchirées, soulevées par la mer de feu sur laquelle elles se balançaient comme un frêle radeau, que la vie fit sa première apparition. Des plantes d'espèces les plus humbles, des algues, des mousses; des animaux de l'ordre le plus infime, des coraux, voilà ce qui se montra d'abord dans une série de longs tâtonnements, humbles préludes de tant de futures merveilles.

La période trente mille fois séculaire qui

commence avec ces premiers phénomènes, compose l'enfance de notre planète. Les mers couvrent alors presque toute l'étendue du globe. Le fond de ces océans est marqué par la première écorce qui s'est peu à peu solidifiée; les rivages sont à peine dessinés, çà et là, par quelques portions de la croûte soulevées au-dessus des eaux. Il n'y a encore que des îles; la terre est comme un immense archipel.

Cette écorce primordiale, ces premiers terrains émergés font partie de ce que l'on nomme les terrains éruptifs ou de soulèvement. On les appelle aussi du nom de primitifs à cause de l'âge des plus anciens d'entre eux; du nom d'ignés, de plutoniens, qui rappelle leur origine; enfin on leur donne quelquefois l'épithète de massifs ou de cristallins, qui témoigne de l'apparence, de la structure que présentent toutes les roches dont ils sont formés.

Cependant les premiers terrains éruptifs étaient sillonnés, déchiquetés par les eaux diluviennes, qui tombaient sur eux avec une abondance telle que les plus terribles orages d'aujourd'hui ne sauraient en donner une idée. Tous les blocs, arrachés violemment à la roche massive, étaient entraînés et roulés par les eaux. Les plus gros s'arrêtaient en chemin; les moins lourds continuaient leur course vagabonde, laissant encore plus d'un compagnon en retard. Les masses qui arrivaient au bout, broyées, pulvérisées, ne composaient plus qu'un sable fin, quelquefois à peine palpable. Comme le phénomène était continu, ou du moins avait une très-longue durée, des sédiments se formaient ainsi au milieu des eaux. Les plus gros blocs, réunis, soudés entre eux par un ciment d'argile et de fer, sont ce qu'on nomme les conglomérats, les poudingues, quand les galets sont arrondis, et les brèches, quand ils ont conservé leurs angles. Les roches sableuses, grenues, déposées loin des conglomérats, des poudingues et des brèches, ou superposées à ceux-ci, sont les grès. Les alternances de roches à gros et à petits fragments montrent que dans la formation du globe des moments d'agitation et de calme se sont tour à tour succédé : il en est de l'histoire de la terre comme de celle des sociétés.

Des grès on passe à des roches à grains encore plus ténus, aux argiles. Celles-ci alternent avec des calcaires qui le plus souvent provenaient de sources thermales, et sont de véritables précipitations chimiques, comme celles qui, sur une échelle moins grande, se forment encore sous nos yeux dans les produits qu'abandonnent les eaux minérales, dans les stalactites des cavernes. Mais bien des dépôts calcaires ont aussi une autre origine, et ont été par exemple sécrétés par des coraux. Certains autres sédiments, calcaires ou siliceux, ne sont composés que des dépouilles accumulées d'animaux microscopiques. Autrefois comme aujourd'hui la nature employait les infiniment petits à bâtir des continents : elle se sert volontiers des humbles pour ses œuvres les plus grandioses.

Toutes les roches dont il vient d'être parlé font partie d'une même classe de terrains que, par opposition aux terrains éruptifs, on nomme sédimentaires, aqueux ou neptuniens. L'eau et le feu, Neptune et Pluton se partagent désormais l'empire de la géologie; les disciples de

Thalès et d'Héraclite ont fait de nos jours la paix et signé un compromis définitif.

Les terrains sédimentaires s'appellent aussi stratifiés, parce qu'ils se rencontrent en masses plates, continues, divisées en couches ou strates, en bancs, en lits, dont la superposition ne peut mieux se comparer qu'à celle des feuillets d'un livre. C'est dans ces lits que l'on trouve des restes de plantes ou d'animaux, la plupart d'espèces aquatiques, et confirmant une fois de plus l'origine de ces terrains. Ces restes de corps organisés, qui ne sont quelquefois qu'à l'état d'empreintes ou de moules, sont ce qu'on nomme les fossiles ou vulgairement les pétrifications. Un des grands caractères des fossiles est d'appartenir presque toujours à des espèces ou des genres éteints, comme si la vie avait dû plusieurs fois changer de modèles, avant d'arriver à ceux qu'elle a maintenant adoptés.

Les fossiles sont les plus sûres archives, les monuments les plus certains, au moyen desquels on peut reconstituer le passé de la terre. Ils ont donné naissance à une branche spéciale de l'histoire naturelle, la paléontologie ou science des

êtres disparus. Cette science a été fondée par
Cuvier, qui appelait lui-même les paléontologistes des archéologues d'une nouvelle espèce.
Les fossiles ne sont-ils pas en effet les médailles
de la géologie, et les bancs qui les contiennent,
les feuillets sur lesquels est inscrite l'histoire de
la formation de la terre ?

Au contact des roches éruptives, les terrains
sédimentaires ont éprouvé des modifications profondes. Le feu les a cuits, rougis, fendillés; il
en a même modifié la composition, et y a introduit de nouveaux éléments. Les bancs d'argile
sont devenus des schistes, des ardoises. La
roche s'est feuilletée dans un autre sens que
celui de la stratification régulière. Toute trace
de fossiles a disparu. Ce sont les terrains sédimentaires ainsi transformés qu'on appelle métamorphiques, à cause du changement que le
feu ou des eaux thermales, souvent à l'état de
vapeurs, leur ont fait subir.

L'âge primitif du globe s'étend depuis le
moment où commencent les plus anciens dépôts d'éruption et de sédiment, jusqu'à celui où finissent les grandes forêts houillères.

L'architecture de notre planète débute par de gigantesques assises qui en forment comme les inébranlables fondations. Ce sont des schistes métamorphiques, satinés, lustrés, où brillent le mica en paillettes, le talc savonneux, le quartz ou cristal de roche compacte, aux grains durs, probablement déposé par des eaux siliceuses ou arraché aux roches granitiques préexistantes.

Après ces schistes, qui règnent sur d'immenses espaces, viennent des bancs de conglomérats, de grès, d'ardoises, de calcaires. Ces derniers passent le plus souvent aux marbres, c'est-à-dire qu'ils sont compactes, à texture cristalline et capables de recevoir un beau poli. La faune fossile ou collection des animaux éteints est nombreuse et variée. La vie n'a pas tardé à prendre un grand essor dès que les milieux l'ont permis. A côté des coraux, des rayonnés, apparaissent bientôt les mollusques, dont nous retrouverons les dépouilles ou coquilles dans tous les terrains, et dont plusieurs genres naissent et meurent dans cette période, tels que les calcéoles en forme de sandale, certains spirifères et productus.

Avec les mollusques il faut citer les crustacés, dont une famille, celle des trilobites, **qui** empruntent leur nom à la partie dorsale de **leur** carapace divisée en trois lobes, disparaît entièrement après la période primitive. Les poissons sont également très-abondants, et bien des espèces, que les mers de l'âge suivant **ne** verront plus, les amblyptères par exemple, vivent en bandes dans ces mers anciennes. Le grand nombre des trilobites et des poissons caractérise cette période terrestre que certains géologues ont proposé d'appeler trilobitique et d'autres, avec M. Agassiz, le règne des poissons. Pour être plus clair, plus précis, il conviendrait peut-être de dire simplement le règne des crustacés. Quelques reptiles, au nombre desquels est l'archégosaure ou le premier lézard, apparaissent à la fin de la période primitive. Les insectes se montrent aussi; mais les êtres supérieurs, les oiseaux, les quadrupèdes, sont complétement absents.

La flore fossile ou réunion des végétaux de ces temps reculés n'est pas moins remarquable que la faune. Après quelques tâtonnements, la

vie végétale apparaît dans toute sa splendeur.
Une température torride règne partout. Il y a
dans l'air un excès de vapeur d'eau et d'acide
carbonique qu'on ne retrouvera plus à aucune
époque, et l'on sait combien ces deux éléments
de l'atmosphère sont indispensables à la nutrition des plantes. Aussi avec quelle facilité se
dépose le charbon au milieu de ces forêts anté-
diluviennes! Il y forme des couches puissantes
où se moulent les feuilles et les troncs des végétaux qui concourent à le produire, et au pied
desquels il se dépose en bancs tourbeux. Les
schistes, les grès eux-mêmes nous ont conservé
ces empreintes, et les lits de ces roches sont
devenus comme les herbiers de cette flore primitive. La terre avait alors toute sa jeunesse, et
le sol était partout paré de feuillage et de gazon.
Les énormes calamites, les sigillaires au tronc
élancé, les gigantesques lépidodendrons, les
cycadées, les walchias, ancêtres des palmiers et
des conifères, les fougères arborescentes, une
foule d'autres arbres depuis disparus ou qu'on
ne retrouve plus que sous les tropiques, crois-
saient partout en bois touffus. C'est un natura-

liste français, M. Adolphe Brongniart, fils d'un illustre père, qui a eu la gloire, il y a trente ans, de révéler le premier cette flore végétale, si différente de celles qui l'ont depuis remplacée. A l'opposé de ce qui eut lieu pour la vie animale, la vie végétale offrait alors un développement qu'elle n'a jamais plus atteint. Quelques petites plantes aquatiques et marécageuses, telles que les lycopodes, les prêles ou queues-de-cheval, rappellent seules, de nos jours et sous nos climats, les plantes houillères, les lépidodendrons, les calamites. Comparées à ces dernières, elles sont comme la plus humble graminée à côté du plus superbe chêne, comme le modeste lichen vis-à-vis du séquoia géant des forêts vierges de la Californie.

Telles étaient la flore et la faune lors de l'enfance de la terre. A chaque instant les dépôts de sédiment sur lesquels apparut et se modifia la vie, étaient troublés par des commotions volcaniques. Les granits, les porphyres, se faisaient jour à travers les soupiraux béants du monde encore pâteux. L'écorce terrestre était soulevée sur des étendues immenses, sur des méridiens tout entiers, et ainsi se jalonnaient les premières montagnes, les premiers reliefs du globe, au pied desquels allaient bientôt s'étendre de nouveaux sédiments. Au milieu de ces effroyables ébranlements la vie ne disparut jamais tout à fait; mais des espèces nombreuses s'éteignirent, qui depuis ne se sont plus montrées.

Les roches éruptives, en soulevant les chaînes de montagnes, ouvraient aussi dans les terrains déjà déposés de nombreuses fissures, parallèles à la direction des chaînes, et dans ces fentes, dans ces cheminées naturelles, montaient en vapeurs des émanations métallifères, parties du foyer central. Plusieurs métaux, mais surtout l'or, l'argent, l'étain, le mercure, le plomb, le cuivre, se déposaient dans ces filons; d'autres, comme le fer, le zinc, étaient plutôt apportés par des sources qui les contenaient en dissolution, et les laissaient peu à peu déposer. Les uns et les autres formaient en quelque sorte la réserve métallique de l'avenir, comme la houille devait être à son tour la source la plus féconde de calorique où puiseraient un jour les sociétés humaines.

Ainsi s'écoula la longue enfance de la planète. Ce premier âge est celui que beaucoup de géologues nomment aujourd'hui la période primaire. On l'appelle encore quelquefois la période de transition, et ce nom lui avait été donné par Werner, le chef des géologues allemands, parce qu'elle marque le temps écoulé entre le dépôt des premiers terrains ignés que Werner nommait primitifs et celui des terrains de sédiment non modifiés, qu'il nommait secondaires. Enfin les Anglais ont appelé cette époque paléozoïque, c'est-à-dire des animaux anciens, parce qu'elle renferme en effet les dépouilles des premiers êtres.

Les savants subdivisent la période primaire en plusieurs époques distinctes ou terrains, qui sont, en allant des plus anciennes aux plus modernes, les époques cambrienne, silurienne, dévonienne et houillère. Deux des maîtres de la géologie anglaise, MM. Sedgwick et Murchison, ont proposé les trois premières de ces dénominations, adoptées depuis par presque tous les géologues de l'Europe. Les noms de cambrien et de silurien rappellent le pays des Cambres (Cimbres) et des Silures, aujourd'hui le pays de Galles et le Cumberland, où ces terrains se sont surtout développés en Angleterre. Le nom de devonien remet en mémoire le comté de Devon, où a été pris le type de la formation devonienne.

Les géologues des États-Unis se sont insurgés contre les dénominations anglaises, et ont proposé à leur tour celles de terrains canadien, laurentien, taconique, empruntées à des localités ou à des montagnes de l'Amérique du Nord. Il est juste de reconnaître que c'est en effet aux États-Unis que l'on peut surtout étudier les formations primaires, et qu'elles y sont développées sur une échelle à la fois plus vaste et plus complète que sur l'ancien continent.

Dans la série des classifications géologiques, le nom seul de terrain houiller a été respecté par tous les géologues, sans distinction de nationalité. Il a l'avantage de rappeler l'utile produit que l'on retire de ce terrain. Quelquefois cependant le terrain houiller est stérile en charbon, et ne présente que des assises de grès jaunâtres, de calcaires bleu sombre, de schistes noirs, qui sont aussi les compagnons fidèles de la houille quand le terrain est complet. Dans ce dernier cas, le combustible forme souvent des couches gigantesques, qui fournissent des produits de qualité supérieure.

Avant l'époque du terrain houiller proprement dit, la houille s'est déjà montrée, ainsi dans les terrains silurien et devonien; mais une houille dure, privée de gaz, anthraciteuse, calcinée en quelque sorte par le voisinage ou le contact des roches éruptives. Au-dessus du terrain houiller, dans les périodes secondaire et tertiaire, nous retrouverons également la houille, mais sèche, non collante, riche parfois en principes gazeux, souvent friable et de poussière brune. Le terrain houiller, sauf quelques cas exceptionnels, est par excellence le gîte du vrai combustible minéral, de la houille parfaite, noire, étincelante, bitumineuse, donnant par la distillation un coke dense, sonore, à l'éclat argentin; le terrain houiller est donc doublement bien nommé, et alors que ses aînés ou ses cadets dans l'échelle géologique ont reçu et recevront encore plus d'un baptême, il n'est pas probable qu'il perde jamais son nom.

En France, les localités où se sont principalement concentrés les dépôts d'âge primaire sont au pied des massifs granitiques de la Bretagne, des Vosges, des Alpes, des Pyrénées. Les mêmes formations entourent aussi cette crête de porphyre et de granit qui est comme le cœur de la France, et que les géographes nomment le plateau Central. Dans le Royaume-Uni, on trouve la partie inférieure de la formation dans les comtés métallifères du Cornouailles et du Devon, dans le pays de Galles, en Écosse, en Irlande. La partie supérieure, le terrain houiller, existe à son tour dans tous les districts carbonifères des trois royaumes, dans les *pays Noirs,* comme les nomment les Anglais. On connaît les forêts souterraines du Staffordshire et de Newcastle. Par une étrange prodigalité de la nature, le fer y est mêlé au charbon. L'exploitation de ces richesses naturelles a imprimé un cachet spécial aux habitudes des populations : c'est là qu'on trouve aujourd'hui les plus habiles houilleurs et les meilleurs forgerons.

La Belgique repose presque entièrement sur les formations primaires, et a été favorisée, comme l'Angleterre sa voisine, dans la distribution des substances minérales les plus appréciées : la houille et le fer. En Allemagne, les formations qui nous occupent existent notamment dans le Harz que sillonnent les métaux, et où surgit le Brocken, hanté par les sorcières, et dans l'Erzgebirge ou montagne des Mines, qui sépare la Saxe de la Bohême. La Suède et la Norwége ont apparu avec presque tous leurs contours actuels dès le premier âge du globe. Une partie de l'Espagne émergeait également au-dessus des eaux dans cette période.

Dans l'Amérique du Nord, toute la chaîne des Alleghanys, autour de laquelle s'étendent les gîtes houillers les plus vastes et les plus féconds que l'on connaisse, et la Sierra-Nevada de Californie, dont le flanc occidental recèle l'or et le flanc oriental l'argent en masses si considérables, sont en partie d'âge primitif. Peut-être aussi peut-on en dire autant des sierras argentifères du Mexique et de l'Amérique centrale. Dans l'Amérique du Sud, les Andes mettront encore longtemps à paraître; mais déjà, dans le Brésil, se montrent quelques-unes des chaînes porphyriques où se cachent l'or, le diamant et la topaze.

Les formations de sédiment primaires, et les roches éruptives qui les ont soulevées et métamorphosées, ont imprimé aux pays dont elles forment le relief un cachet particulier. L'âpreté, l'acuité des contours des masses granitiques et porphyriques, la teinte sombre, l'allure tourmentée des strates, plusieurs fois repliées sur elles-mêmes, donnent au paysage un ton de sauvage énergie. L'agriculture emprunte naturellement aux roches qui l'environnent son caractère principal. Ces pays de grès, de silice, ne sont propices qu'au châtaignier; le blé y pousse à peine, le sarrasin y est seul cultivé. Quand les amendements ne sont pas venus modifier le sol, ce sont à peu près les seuls produits que les efforts de l'homme puissent demander à la terre.

Mais là ne se borne pas l'influence du milieu géologique; elle se reflète jusque dans l'histoire des pays, jusque sur la population elle-même. C'est sur ces cimes abruptes qu'ont été édifiés la plupart des anciens châteaux

aux sombres légendes ; c'est à travers ces cols étroits, déchiquetés, qu'a eu lieu jadis plus d'un combat fameux, les Thermopyles ou Roncevaux.

En France, la Bretagne, cette terre de granit, de quartz et d'ardoise, comme l'appelle Michelet, résiste avec une énergie opiniâtre à son annexion à la couronne, et une fois soumise, elle garde invariable la fidélité qu'elle a jurée à ses nouveaux rois. Dans les îles Britanniques, les Cornouaillais, les Gallois, les Irlandais et les Écossais, tous de race autochthone ou gaélique, opposent à l'envahissement anglo-saxon une résistance qui, pour quelques-uns, dure encore. En Espagne, le Galicien, l'Asturien, le Basque, l'Aragonais, doivent à la rudesse de leurs montagnes quelques-uns de leurs traits distinctifs. C'est des Asturies que sort Pélage, c'est de là que part le premier effort de résistance contre le More envahisseur. La Corse, la Sardaigne, que les Romains ne soumirent jamais qu'incomplétement, et dont les habitants des montagnes sont encore rebelles à toute discipline, nous présentent des phénomènes analogues. Curieuse relation que celle qui unit l'homme à la pierre, l'aspect et le caractère d'un pays aux traits principaux de son histoire et aux mœurs des populations ! Ces faits ne sont pas isolés, et encore moins paradoxaux; on les retrouve jusque dans les habitations, mornes, tristes, sombres, dans les pays d'âge primitif, où les schistes, l'ardoise, les grès jaunâtres, les calcaires noirs et les granits sont les uniques matériaux que l'architecte ait à sa disposition. En France, Rive-de-Gier, Saint-Chamond, Saint-Étienne, toutes les villes des départements houillers sont bâties avec des matériaux de formations primaires, et l'aspect de ces villes emprunte à ces roches un certain air de tristesse. L'influence des milieux est donc incontestable en histoire, en ethnologie et dans les arts. Si les Égyptiens n'avaient pas eu à leur disposition le granit du haut Nil, ils ne nous auraient pas laissé leurs indestructibles monuments. Partout on peut faire les mêmes observations, et tel philosophe va même jusqu'à faire dépendre des milieux le caractère littéraire d'un pays. Sans être aussi absolu, nous accorderons à ceux-ci une in-

fluence incontestable. A chacune des étapes
qu'il nous reste à parcourir, on va voir en effet
cette influence s'étendre et se confirmer davantage.

II.

LE MOYEN AGE.

Terrains permien, triasique, jurassique et crétacé. —Développements de la vie. — Infusoires, rayonnés, mollusques. — Ammonites, bélemnites.— Le règne des reptiles.—Les coprolites et une lady anglaise. — La flore des temps moyens. — Les continents émergés et les roches éruptives.— Formations métallifères. — Matériaux de construction. — Physionomie des pays d'âge secondaire.

Les différentes périodes qui composent l'histoire de la terre peuvent se comparer à celles de l'histoire des sociétés. Nous venons d'assister aux événements qui ont marqué les temps primitifs : nous allons décrire ceux qui se rapportent aux temps moyens, en quelque sorte au moyen âge de notre planète, ce que les géologues appellent la période secondaire. Les terrains qui se déposent dès le début de cette période ressemblent à quelques-uns de ceux qui les ont précédés, et des schistes bitumineux, des grès rouges, rappellent les schistes et les grès houillers. On passe comme par une transition insensible d'une époque à l'autre, et l'on est presque tenté d'appliquer en géologie l'axiome de Leibnitz et de Linné, que la nature ne procède pas par bonds, ne fait rien brusquement.

Le premier terrain qui se forme après le terrain carbonifère est celui que le doyen des géologues actuels, le vénérable M. d'Omalius d'Halloy, avait nommé pénéen. Il tirait cette dénomination du mot grec *pénés*, stérile, parce qu'il trouva d'abord ce terrain pauvre en fossiles. D'autres géologues, MM. Murchison, de Keyserling et de Verneuil, l'ont depuis appelé permien, car le type en est surtout développé dans la province de Perm, au pied de l'Oural, en Russie.

Au-dessus du terrain permien est celui qu'un savant germanique, M. d'Alberti et tous les géologues avec lui ont nommé triasique, parce qu'il contient une triade d'étages qui sont, en allant de bas en haut, le grès bigarré, le cal-

caire conchylien ou *muschelkalk* des Allemands,
enfin les marnes irisées.

Le terrain triasique est surmonté à son tour
par un dépôt immense, celui du terrain jurassique. Le mot a été proposé par Humboldt, qui
avait remarqué que le type de ce terrain était
surtout développé dans les montagnes du Jura.
La dénomination a été admise par tous les géologues. Cependant les Anglais ont appelé de
préférence la partie supérieure de ce terrain le
groupe oolitique ou l'*oolite*, parce qu'on y
trouve des roches calcaires et ferrugineuses, à
grains arrondis comme ceux des œufs de poisson (oolite, pierre formée d'œufs), et la partie
inférieure, le groupe liasique ou le *lias*, nom
que les carriers britanniques donnent à des
bancs qu'ils y exploitent.

Le terrain jurassique est principalement composé de calcaires compactes, quelquefois cristallins, de marnes et d'argiles. Ces roches se
sont développées sur des espaces très-étendus,
et les montagnes qu'elles forment affectent un
relief particulier. Les couches ne sont plus con-
tournées, tourmentées, comme dans la période

précédente; elles s'alignent en bancs inclinés qui se détachent aux flancs des coteaux comme les assises de gigantesques constructions. Quelquefois les bancs, portés à de très-grandes hauteurs, dessinent des murailles naturelles et des remparts à pic.

Sur le terrain jurassique s'appuie le terrain crétacé. Celui-ci doit son nom aux bancs de craie qu'il renferme, la craie blanche, qu'en France on voit surtout apparaître en Champagne, et autour de Paris, vers Meudon. On trouve à la base du terrain crétacé des assises de grès verts, dont presque tous les géologues se sont servis comme d'un horizon pour diviser ce terrain en deux étages : l'inférieur ou celui des grès verts, le supérieur ou celui de la craie proprement dite.

La période secondaire pendant laquelle se sont déposés les terrains permien, triasique, jurassique et crétacé, a vu la vie se développer et revêtir des formes nouvelles et de plus en plus parfaites. Par moments, les animaux microscopiques ont été si abondants, que leurs dépouilles composent des terrains tout entiers, tels que la craie, où le microscope signale des myriades de débris de ces petits êtres.

Les coraux ou polypiers ont aussi travaillé dans ces anciennes mers, comme ils le font encore sur beaucoup de rivages, principalement sous les tropiques, à élever patiemment, au fond des abîmes, des jetées, des récifs, des bancs calcaires, noyaux de futures îles et même de futurs continents.

A côté des polypiers marchent les étoiles de mer, les oursins, qui naissaient à peine à la fin des temps primitifs, et qu'on retrouve plus nombreux dans les ères jurassique et crétacée.

Les mollusques, déjà fort répandus vers la fin de la période précédente, se présentent, surtout dans l'époque jurassique, en rangs serrés. En première ligne viennent les ammonites, auxquelles la forme extérieure de leur coquille, rappelant la corne d'Ammon, a valu le nom qu'elles portent. Ces mollusques navigateurs, parents des nautiles, ont peuplé de leurs nombreuses familles toutes les mers jurassiques. Sans crainte d'être contredit, on pourrait proposer le nom d'ammonitique pour la série de terrains qu'ils ont semés de leurs débris. Les ammonites, nées avec la période secondaire, disparaissent entièrement après l'époque crétacée; on ne rencontre plus alors que les nautiles, dont plusieurs espèces, entre autres les argonautes, sont encore vivantes aujourd'hui, et sillonnent l'océan Indien en quelque sorte la voile au vent.

Les coquilles bivalves, recouvrant de leur double têt les mollusques acéphales, les vénus, les bucardes, les huîtres, les térébratules, ont peuplé de leurs bancs pétrifiés, en concurrence avec les ammonites, les terrains de sédiment secondaires. Une famille entièrement éteinte, celle des rudistes, dont les hippurites, les sphérulites, les radiolites, composent les types les plus remarquables, s'est principalement développée dans la craie et finit avec elle.

En tête des mollusques sont les poulpes, les seiches. A défaut d'enveloppes calcaires, dont la nature ne les a point revêtues, les seiches ont laissé dans tout le terrain jurassique la partie osseuse qui forme comme l'axe intérieur de leur corps. Ces pétrifications ont reçu de tout temps le nom de bélemnites ou pierres pointues, emprunté à leur forme même. Les anciens les nommaient aussi pierres de tonnerre, parce qu'ils supposaient sans doute qu'elles provenaient du passage de la foudre au milieu des rochers.

Les seiches ont abandonné aux terrains secondaires non-seulement leur osselet dorsal ou interne, mais quelquefois jusqu'à ces poches d'encre qui leur servent encore aujourd'hui à aveugler, ou tout au moins à repousser un ennemi trop importun. Un géologue anglais, ayant trouvé dans le lias une de ces poches pleine de sépia, s'empressa de diluer cette couleur pétrifiée, et de peindre au lavis le fossile qu'il venait de découvrir. Il voulut que la seiche antédiluvienne concourût elle-même par son encre à la représentation de ses traits.

Les infusoires, les rayonnés, les mollusques, ne sont pas les seuls hôtes de la formation secondaire. Les poissons, si nombreux dès la fin de la période primitive, passent dans celle-ci, et continuent de s'y reproduire. Les lits du terrain permien sont remplis d'ossements de poissons, si bien que les schistes noirs bitumineux qui forment un des groupes de ce terrain, portent souvent le nom de schistes à poissons. Le bitume que ces schistes contiennent est dû très-certainement aux animaux eux-mêmes qui y ont été enfouis, et qui s'y sont décomposés.

Pendant l'époque jurassique, les poissons continuent de progresser. Les bancs calcaires de Sohlenhoffen, en Allemagne, en sont pétris, et sont riches aussi en empreintes d'insectes. Dans l'époque crétacée apparaissent les squales ou requins, dont les dents triangulaires, découpées en scie sur les bords, sont répandues dans la craie et reparaîtront plus abondantes dans l'âge suivant. Les anciens, qui ne comprenaient rien aux fossiles, avaient appelé ces restes pétrifiés des *glossopètres* ou pierres en forme de langue. Ils voyaient dans toutes les pétrifications un jeu de la nature, un *ludus naturæ*, et même un *stercus diaboli*, mots latins qui servaient à expliquer bénévolement, dans la géologie naissante, tant de sujets embarrassants.

Si les mollusques et les poissons remplissent

de tous leurs débris les assises des terrains secondaires, il y a d'autres témoins silencieux de
ces temps perdus dans le passé. Les reptiles,
qui faisaient à peine leur apparition à la fin de la
période primitive, sont devenus de plus en plus
nombreux. Le terrain jurassique marque l'ère
de leur plus grand développement. M. Agassiz,
qui a nommé le règne des poissons la période
précédente, appelle celle-ci, et avec raison, le
règne des reptiles. C'est surtout dans cette formation que se rencontrent les restes de ces vertébrés rampants, et jusqu'à leurs excréments
pétrifiés ou coprolites [1]. Au bord des mers ou à
la surface des eaux jurassiques vivaient le plé-
siosaure, voisin du lézard, le ptérodactyle, l'ar-
chéopteryx, sortes de dragons ailés, gigantesques, tenant du saurien et de l'oiseau; l'ichtyo-

1. On raconte d'une lady anglaise, qui avait le goût de la
géologie, et qui ouvrait généreusement à tous les curieux l'accès de sa collection, qu'elle possédait un énorme coprolite.
Quand on avait visité son musée, où elle tenait à honneur de
vous accompagner elle-même, elle vous laissait seul. Alors un
domestique en livrée apportait solennellement le coprolite sur
un plat, caché sous une serviette, puis il découvrait le fossile,
et c'était comme le bouquet de la fin. La pudeur anglaise, le
cant, défendait à la lady d'assister à l'exhibition.

saure, participant au contraire du poisson et du reptile. Toutefois, il ne faudrait pas, avec l'Anglais Buckland, ne voir là que des êtres étranges, des espèces de monstres antédiluviens, dans lesquels la vie aurait préludé, et en quelque sorte se serait timidement essayée aux formes qu'elle a depuis revêtues. La nature procède sur un plan plus rationnel. C'était alors, avons-nous dit, le règne des reptiles, et tous les types intermédiaires, qui depuis ont disparu, n'existaient peut-être pas sans motif. Nous voyons encore de nos jours et des poissons volants et des chauves-souris, que les naturalistes ne sont pas embarrassés de classer dans leur ordre distinctif. Les rêves dans lesquels aime à se bercer l'imagination quand, franchissant les âges, elle se reporte vers cette enfance de la terre, rêves dont les anciens ont tant abusé, sont désormais rendus impossibles par les révélations de la science. Mais l'histoire du globe n'est-elle point déjà assez imposante, sans y mêler une fausse poésie? La poésie est ici la vérité, et la vérité nous écrase. La nature n'a pas compté avec le temps dans ses œuvres, elle les développe len-

tement, patiente, parce qu'elle est éternelle;
tandis que, passagers d'un jour ici-bas, nous ne
formons qu'un modeste échelon de la série infinie des êtres!

Aux reptiles s'arrête pour ainsi dire le développement de la vie dans la période secondaire.
On a signalé, en France, des restes d'oiseaux
dans la craie, et en Angleterre, des os pétrifiés
de mammifères, de la famille des kanguroos ou
des sarigues dans le lias; mais de tels exemples ne se sont pas reproduits ailleurs, et méri-
teraient peut-être de plus éclatantes confirma-
tions. C'est surtout dans l'âge suivant que les
oiseaux et les vertébrés supérieurs vont réellement apparaître.

Moins brillante que la faune est la flore de la
formation secondaire. Cependant, après l'époque houillère, les forêts luxuriantes qui ont
donné naissance au charbon ne disparaissent
pas tout à fait. Quelques essences passent même
d'une époque à l'autre et ménagent la transition. Les fougères, les cycadées, les walchias,
montent du terrain houiller dans le terrain permien, où les walchias, ces aïeux des conifères,

et les cycadées, ancêtres des palmiers, atteignent même leur plus grande croissance. Quelques espèces nouvelles se montrent, telles que les zamias; d'autre srappellent les espèces de la grande époque carbonifère. Dans les formations permienne et triasique, la décomposition sur place de ces plantes, dont quelques-unes étaient d'espèce marine, a donné lieu à des sources abondantes, à des lacs, à des fleuves souterrains de pétrole et de sel, que la sonde, à notre époque, devait faire remonter au jour. Tels sont les fameux gisements d'huile de pierre des États-Unis, dans la Pensylvanie et l'Ohio. D'autres géologues, il est juste de le dire, attribuent ces sources minérales à des émanations échappées au foyer central de la planète, et montant le long des fissures du sol.

Devant l'abondance de la végétation, des bancs de houille continuent à se former dans les terrains permien, triasique, jurassique, crétacé, mais d'une houille en couches peu épaisses, et presque toujours maigre, sèche, feuilletée, fibreuse, présentant la texture du bois, de façon que les géologues s'obstinent à la baptiser du nom de lignite, comme si elle n'était formée que de ligneux.

Dans toute la période secondaire, les plantes d'ordre inférieur, comme les fucus, ne sont pas moins abondantes que les fougères. Les assises du terrain jurassique et crétacé présentent de nombreuses empreintes de fucoïdes ou fucus pétrifiés. Cependant une certaine marche progressive se fait sentir dans l'échelle végétale. Les cryptogames, les monocotylédones, cèdent peu à peu la place aux plantes dicotylédonées [1].

1. Linné divisait les plantes en deux grandes familles : les *cryptogames*, dont les organes de fructification sont cachés, dont les fleurs ne sont pas apparentes ; et les *phanérogames*, dont l'acte de floraison est certain. A son tour, A.-L. de Jussieu subdivisa les phanérogames en deux classes : celle des *monocotylédones* ou plantes dont le germe, en sortant de terre, présente un seul lobe ou cotylédon ; et celle des *dicotylédones*, qui en présentent deux ou plusieurs. Dans ce système les cryptogames sont les *acotylédones* ou plantes sans cotylédon.

Les cryptogames se subdivisent en cryptogames cellulaires, formés de cellules, et cryptogames vasculaires, formés de vaisseaux, de fibres. Les algues, les fucus, les champignons, les lichens, les mousses, appartiennent à la première de ces catégories : les fougères, les lycopodes, à la seconde.

Les palmiers, les graminées sont des monocotylédonés ; les sapins, les chênes, tous les arbres fruitiers ou forestiers de nos climats, des dicotylédones.

Les pins, les sapins, les cèdres, les thuyas, tous les arbres résineux, sont rangés sous la dénomination commune de coni-

Celles-ci régneront presque sans conteste, au moins sous nos climats, dans la période suivante ; mais cette fois le progrès n'est que relatif, il ne semble pas absolu comme dans la série animale. On ne peut pas dire qu'aucune de nos forêts, même de nos forêts tropicales, égale la majesté, l'ampleur, l'étendue que devaient offrir les forêts houillères de la période primitive, tandis que dans l'échelle zoologique il y a un progrès réel : on passe graduellement des animaux inférieurs aux êtres perfectionnés ; l'homme lui-même ne vient qu'à son heure, le dernier, après tous les mammifères [1].

fères, parce que leur fruit a la forme d'un cône ou pomme de pin

Le développement de la vie végétale, dans la série des formations géologiques, s'est fait progressivement ; des cryptogames vasculaires aux cellulaires, et de ceux-ci aux monocotylédones et aux conifères ; les dicotylédones sont venus les derniers. A mesure qu'on avance, le végétal, d'abord rudimentaire, devient de plus en plus complet.

1. Cuvier divise le règne animal en quatre grands embranchements : les rayonnés ou zoophytes, les articulés ou annelés, les mollusques, les vertébrés. Les rayonnés comprennent entre autres les coraux, les oursins ; les articulés, les crustacés, les insectes ; les mollusques, les poulpes, les seiches, et tous les animaux à coquilles ; enfin les vertébrés se subdivisent en quatre grandes classes : les poissons, les reptiles, les oiseaux et les mammifères. Le développement de la vie, dans la série des formations géologiques, paraît s'être fait sur ce plan.

A la fin de la période secondaire, la plus grande partie du monde actuel est sortie des eaux; l'Amérique presque tout entière est même émergée : ce que nous appelons le nouveau monde est peut-être le plus ancien. En France, les deux tiers du pays sont formés. Dans la période précédente, il n'y avait encore que des archipels; toutes ces îles sont maintenant soudées, reliées entre elles par les bassins secondaires. Mais les lieux où seront nos principales villes, Paris, Marseille, Bordeaux, Rouen, sont encore sous les eaux. On pourrait en dire autant pour une partie de l'Angleterre et de l'Espagne, et pour l'Italie, la Prusse, etc.

La période secondaire a été non moins tourmentée par les éruptions volcaniques que la période primaire. Les granits, les porphyres, ont continué à soulever les montagnes, et les ont portées de plus en plus haut à mesure que de nouvelles assises de sédiments s'ajoutaient à toutes les précédentes. Les montagnes du pays de Galles, de la Thuringe, de la Côte-d'Or, le mont Viso, la chaîne des Pyrénées et celle des Apennins sont d'âge secondaire. Le soulèvement des trois premières chaînes correspond respectivement aux époques permienne, triasique, jurassique; celui des trois dernières est d'époque crétacée.

D'autres roches d'épanchement que les granits et les porphyres, des roches de couleur verte ou noirâtre, que les géologues nomment diorites, euphotides, serpentines, mélaphyres, se sont fait jour à travers les cratères secondaires. A peine apparaissaient-elles au déclin de la période précédente; elles font dans celle-ci continuellement éruption, et tendent peu à peu à prendre la place des granits et des porphyres, dont les épanchements diminuent d'intensité ou cessent tout à fait. Les savants sont fort embarrassés pour classer toutes ces roches vertes qui prennent souvent tous les aspects, et passent des unes aux autres dans la même localité. Les Anglais et les Allemands ont tranché en quelque sorte le nœud gordien, en les réunissant sous les dénominations génériques de *grünstein* ou de *greenstones*, qui signifient dans les deux cas roches vertes. Le nom de roches ophiolitiques ou serpentineuses y répond assez bien en français.

Ces roches vertes et leurs aînées, les roches granitiques et porphyriques, n'ont pas seulement relevé, disloqué les formations secondaires pour les aligner en hautes montagnes, elles ont aussi ouvert dans le sol, comme dans la période précédente, de nombreuses fissures et crevasses, telles qu'il s'en produit encore dans les tremblements de terre. Dans ces fentes ont continué à se déposer les substances métalliques, si bien que presque tous les filons, comme les définit aujourd'hui la science, ne sont que des fentes remplies après coup. Des eaux, des vapeurs minéralisées, qui ont parcouru ces fissures, y ont déposé les substances pierreuses et cristallines qui toujours accompagnent la partie métallique des filons, et ainsi s'est formée la gangue à côté du minerai. Les phénomènes qui se passent sous nos yeux, dans les canaux naturels ou artificiels que parcourent les eaux thermales, sont les derniers survivants de ces phénomènes du passé, qui avaient lieu sur une échelle immense, avant d'être comme à présent si restreints.

Dans leur violente apparition, les roches vertes ont non-seulement donné naissance à des fissures plus tard remplies par les métaux, elles ont aussi amené le métal avec elles, et celui-ci s'est alors déposé au milieu ou au contact de la masse éruptive. Ainsi s'est trouvé de tous points justifié le nom de roches métallifères que l'on donne quelquefois aux roches d'éruption. Enfin des gîtes métalliques ont eux-mêmes joué le rôle de roches de soulèvement, et ont apparu tout d'une pièce; tels sont les fameux gîtes ferrugineux qui bordent le rivage oriental de l'île d'Elbe, et qui, exploités sans interruption depuis trois mille ans, font encore aujourd'hui la fortune de ce petit pays.

Les roches vertes sont les roches métallifères par excellence de la période secondaire. Les fameux gîtes de platine, de cuivre, d'or, de fer de l'Oural et de la Sibérie; ceux de cuivre du lac Supérieur, de la Toscane, de la Californie, et selon quelques géologues, les gîtes aurifères et diamantifères du Brésil, sont d'âge secondaire, et reconnaissent les roches vertes pour cause première de leur venue au jour.

Tous les gîtes métallifères n'empruntent pas leur origine à une roche éruptive. Les célèbres

schistes à poissons du Mansfeld (Prusse saxonne)
sont imprégnés de cuivre sulfuré, et ces schistes
classiques sont bien connus de tous les mineurs,
qui les appellent volontiers avec les Allemands
les schistes cuivreux, *kupferschiefer*. Les grès
rouges de Corocoro, près la Paz, en Bolivie,
contiennent des lamelles, des grains de cuivre
et d'argent métallique. Dans les deux cas, très-
probablement le métal a été apporté par les
eaux ; mais il faut invoquer le passage de courants électro-magnétiques au milieu des disso-
lutions, pour expliquer le dépôt du cuivre et de
l'argent non alliés, comme au lac Supérieur et à
Corocoro. Beaucoup d'autres gîtes reconnaissent
une origine simplement chimique ou aqueuse,
par exemple toutes les couches ferrugineuses si
abondantes dans le terrain jurassique. On peut
en dire autant de presque tous les dépôts qui
forment non plus des couches réglées, mais des
amas, quels qu'en soient l'âge et la nature, que
ces amas soient d'âge primaire ou secondaire,
qu'ils renferment du sel, du plâtre, du soufre ou
des minerais métalliques.

La période secondaire n'est pas seulement

riche en métaux. Tous les minéraux utiles y sont très-répandus. Nous avons déjà parlé du charbon et du pétrole. Dans le trias, c'est aussi le plâtre, l'albâtre et le sel, et ce dernier en telle abondance qu'A. d'Orbigny avait proposé le nom de terrain saliférien pour un des groupes du trias. Dans le terrain jurassique, ce sont d'abord les marbres veinés ou statuaires, tels que ceux de Sienne, de Carrare et de Paros, et dans un ordre plus modeste, mais non moins digne d'être consigné, les calcaires bitumineux et lithographiques, puis les pierres à chaux hydraulique et à ciment, qui ont détrôné la pouzzolane volcanique, le fameux ciment romain. Ce sont ces pierres d'âge jurassique ou crétacé qui, grâce aux études de M. Vicat, ont rendu de nos jours célèbres et riches nombre de localités, celles de la Porte-de-France près Grenoble, de Vassy, de Pouilly en Bourgogne, et du Theil dans l'Ardèche, et celle de Portland en Angleterre. La chaux hydraulique du Theil est, dit-on, celle qui résiste le mieux à l'eau de mer. C'est par son emploi que l'on a pu édifier sûrement, jusqu'aux plus grandes profondeurs sous-marines, les nouvelles jetées des ports de Marseille, d'Alger et de Livourne.

Il faut signaler encore dans le terrain jurassique les bancs d'argile, qui ont donné tant de développement à la céramique artistique ou commune, et permis à l'art des constructions de réclamer des briques, des carreaux et des tuiles en quelque quantité que ce soit. Chez nous, la Bourgogne est renommée pour ses magnifiques bancs d'argile à brique.

Dans le terrain crétacé, nous devons rappeler surtout la craie, qui en est le produit utile par excellence; et dans toute la série secondaire, du terrain permien au terrain de craie, les pierres de taille et à moellon, que les carriers en retirent en si grande abondance. Les architectes doivent aux terrains secondaires les meilleurs de leurs matériaux. Les terrains permien et triasique fournissent des grès renommés. La cathédrale de Strasbourg est construite en grès bigarré, dont sont bâties également toutes les villes qui sont le long du Rhin de Fribourg à Mayence. A Paris, les fondations du palais de l'Industrie édifié en 1855 sont en grès bigarré.

Dans le terrain jurassique, la pierre de taille abonde. Une partie de nos villes, dans la Normandie, la Bourgogne, la Lorraine, sont bâties de ces belles pierres. Lyon est presqu'entièrement construit avec le calcaire de Villebois (Ain). Dans beaucoup de localités, il y a des bancs fameux dont les produits vont au loin, comme le banc bleu de Caen, que sont venus plusieurs fois fouiller les Anglais pour réparer la cathédrale de Cantorbéry, déjà bâtie avec cette pierre au XIIe siècle. Presque toujours le calcaire jurassique passe au marbre; telle est la fameuse pierre de Cassis près de Marseille. Le plus beau marbre lui-même s'emploie souvent comme pierre de taille. A Gênes, tous les palais sont faits en marbre de Carrare, si bien que la patrie de Colomb a été justement baptisée du nom de ville de marbre. Enfin la craie du terrain crétacé sert aussi de pierre de taille, et l'élégante cité de Tours n'est bâtie que de craie-tuffeau. Cette pierre est poreuse et si tendre qu'elle se laisse entamer au couteau; mais elle durcit peu à peu à l'air comme le tuf, auquel les architectes et les géologues l'ont assimilée.

C'est ainsi, constatons-le de nouveau, que le relief géologique d'une contrée se reflète jusque dans l'aspect des cités elles-mêmes.

L'agriculture des terrains d'âge secondaire emprunte également aux conditions géologiques du sol ses traits principaux. Nulle part le fait ne se vérifie mieux que dans le terrain jurassique. Les dépôts calcaires, marneux et argileux, qui caractérisent cette formation, sont les plus favorables aux plantes. Le sol renferme la chaux et la silice, et à leur tour les bancs d'argile, en retenant les eaux, permettent à celles-ci d'apporter, de déposer sur place les sels alcalins indispensables à la nutrition végétale. Les terrains d'âge jurassique sont remarquables par leurs prairies et leurs vignobles, et il suffit de citer en France la Normandie et la Bourgogne, qui reposent toutes deux sur des formations de cet âge, pour témoigner de la vérité de cette assertion. Les pays jurassiques sont arrosés par d'abondantes sources. Les lits profonds d'argile et de marne retenant les eaux, celles-ci courent souterrainement et viennent sourdre à la surface, souvent en immenses nappes. Telle est la fontaine de Vaucluse où naît la rivière de la Sorgues, aux eaux vives, renommées pour leurs truites, et la source elle-même du fleuve Argens, dans le Var, qui rappelle, soit par l'aspect, soit par les conditions géologiques des lieux, et même par le volume, la limpidité et la fraîcheur des eaux, la fontaine chantée par Pétrarque.

Les plus célèbres grottes et cavernes, celles qu'on nomme les balmes ou baumes dans quelques contrées, se rencontrent aussi dans le terrain jurassique. Les colonnes naturelles qui ornent la plupart d'entre elles, les stalactites, ont été formées, atome par atome, par les infiltrations et l'évaporation lente des eaux calcaires, au toit et au sol de l'excavation, puis se sont unies et soudées ensemble. Il en est de même des incrustations qui tapissent les parois. L'origine des cavernes est moins facile à expliquer. Quelques-unes ne sont sans doute que d'immenses fissures résultant des dislocations du sol. On attribue l'origine de quelques autres à l'érosion produite par des eaux acides; mais cette explication n'est guère acceptable.

Le cachet imprimé aux pays par les formations

triasique ou crétacée est différent de celui de la formation jurassique.

Les grès du trias sont favorables à la végétation forestière, comme le démontrent ceux des Vosges et de la forêt Noire, sur lesquels poussent en bois épais les chênes et les sapins. Ces grès ont en outre donné aux montagnes qu'ils couronnent un relief particulier, arrondi, rappelant quelquefois des ruines, et caractérisé par les ballons d'Alsace.

A leur tour, les terrains d'âge crétacé sont quelquefois des terrains de vignobles, comme ceux d'âge jurassique. Les crus de la Champagne semblent avoir emprunté au calcaire crayeux l'acide carbonique gazeux et petillant. Une partie des vignobles du Bordelais est aussi sur des terrains de craie; mais ici plus de ces prairies, plus de ces campagnes plantureuses comme dans la formation jurassique. Il y a même une ombre au tableau. Quand c'est la craie blanche qui domine, elle sème au milieu des pays qu'elle traverse la tristesse et la désolation. La stérilité est répandue sur ces landes où se dressent quelques bruyères rabougries, et où se montre partout la craie en énormes taches. On reconnaît à ces traits la Champagne pouilleuse. Plus favorisée par la géologie, cette contrée eût mérité une autre épithète.

Le rude cachet imprimé aux populations par les formations primitives disparaît dans les formations secondaires. On passe des populations montagnardes, pastorales, aux populations forestières et agricoles, et avec ces dernières la vie civilisée commence. Toutefois l'histoire des pays reflète encore le souvenir de quelques mêlées grandioses : c'est au mont Auxois en Bourgogne, jadis Alesia, que tombe Vercingétorix, défait par César ; c'est sur ce rempart jurassique qu'après dix ans de luttes continues la Gaule est vaincue par Rome.

III.

LES TEMPS MODERNES.

Nature des dépôts de cette période. — Essor de la vie. — Le règne des quadrupèdes. — Animaux fossiles. — Anciennes croyances. — Découvertes de Cuvier. — Végétaux tertiaires. — Volcans éteints. — Produits utiles. — Aspect des terrains tertiaires et des pays qu'ils constituent.

Les temps modernes de l'histoire de la terre comprennent ce que les géologues nomment la période tertiaire. Cette période est elle-même divisée en trois époques, l'inférieure, la moyenne et la supérieure. Des roches analogues aux précédentes, mais d'une texture moins cristalline, continuent à se déposer. Les calcaires sont moins compactes, les grès sont d'un grain moins serré. Seuls les conglomérats, les poudingues, les brèches, forment souvent, surtout à la base ou à la partie supérieure des terrains, des assises d'une puissance énorme, et jusqu'ici rarement atteinte. On dirait que d'immenses déluges ont labouré le sol, et que ce ne sont plus les orages, mais les soulèvements eux-mêmes de très-hautes montagnes, qui ont précipité les eaux le long des coteaux et dans les vallées.

Des grès, des calcaires, des argiles, des couches de pierre à plâtre, des bancs ou des amas de sel et de soufre, tels sont les principaux sédiments que l'on rencontre dans les formations tertiaires. Des couches de houille presque toujours sèche, grasse par exception, existent dans beaucoup d'étages, ainsi que des minerais de fer. Aucune époque géologique n'a été déshéritée des produits minéraux qui devaient être un jour si utiles à l'homme. Quant au fer, qui donne aux roches qui le contiennent une couleur caractéristique, il est tellement répandu dans toutes les formations terrestres, qu'on l'a nommé le peintre de la nature. L'abbé Haüy, père de la minéralogie française, disait : « Quand la nature prend le pinceau, c'est très-souvent le fer oxydé qui est sur la palette. »

Au milieu des formations tertiaires, l'essor de la vie est encore plus rapide que dans les époques précédentes. Les mollusques, les poissons, continuent à être abondants; les insectes apparaissent en nombreuses familles; les oiseaux sont partout. Comme le progrès se poursuit sans relâche dans la série animale, les mammifères naissent et prennent tout à coup un incroyable développement, si bien qu'on peut appeler cette période le règne des quadrupèdes. Bien des genres depuis éteints, les paléothères, les deinothères, les anthracothères, qui ont aujourd'hui leurs analogues dans les hippopotames et les sangliers; les mastodontes, aïeux des éléphants, remplissent de leurs ossements pétrifiés les différents dépôts tertiaires. En certains endroits, dans les plâtrières de Montmartre et toutes celles qui environnent Paris; dans les terrains argileux du Val-d'Arno, entre Florence et Arezzo; dans les gîtes carbonifères de Monte-Bamboli, au milieu de la Maremme Toscane; sur la colline de Sansan, dans le Gers; enfin dans les terrains calcaires de Pikermi, dans l'Attique, non loin d'Athènes, on a rencontré de véritables nécropoles de ces êtres disparus. On dirait que tous à la fois se sont enfuis devant un ennemi commun, devant quelque grande révolution géologique, qui les a tous atteints, enveloppé. et fixés sur place. On ne peut nier ces immenses bouleversements. La faune fossile de l'Attique rappelle en partie celle qui vit aujourd'hui en Afrique; très-probablement la Grèce était alors unie au continent africain, et participait à son climat. Il est curieux que la mythologie hellénique ait comme deviné ces faits que devait si tard révéler la science, et que la fable du lion de Némée trouve des fondements dans le passé même de l'Attique. Quelques-uns de ces êtres éteints forment le passage entre des genres qui sont aujourd'hui séparés par des lacunes. C'est ainsi, d'après M. A. Gaudry, que les hipparions relient les pachydermes aux solipèdes, les éléphants aux chevaux, et que les semnopithèques ont été les précurseurs des singes. Ces faits et mille autres analogues semblent donner raison à M. Darwin et à ses disciples, qui admettent la transformation et non la fixité des espèces. Cette théorie n'est pas nouvelle; elle flatte même l'imagination par sa simplicité. On aime à se représenter tous les êtres comme sortis du même atome, du même germe, et se développant peu à peu, chacun suivant ses habitudes et son milieu ; mais il y a loin du rêve à la réalité, de la théorie à la pratique, et bien que Buffon, Lamarck, les Geoffroy Saint-Hilaire, aient successivement attaché leur nom à la défense des idées que reprend aujourd'hui M. Darwin, il est peut-être plus rationnel de s'en tenir à la fixité des espèces, sauf certaines modifications, certains passages que l'on ne peut nier, et de suivre en cela les errements de Linné et de Cuvier.

Le nom de ce grand naturaliste vient nous rappeler à propos que c'est à lui que l'on doit la première étude sérieuse des mammifères fossiles que renferme le terrain tertiaire. Avant Cuvier, quelques savants s'étaient en vain occupés de jeter la lumière sur ces restes d'animaux éteints. Les uns n'y avaient vu que des monstres engloutis par quelque grand cataclysme de la nature, les débris de ces dragons, de ces sphinx, dont l'antiquité, par

une sorte de prescience, avait peuplé sa mythologie. Les autres croyaient y reconnaître des restes
humains, ceux du géant Teutobochus, le roi des
Cimbres, défait par Marius, ou mieux ceux de
l'homme témoin du déluge, *homo diluvii testis*,
comme les savants l'appelaient dans la langue
savante d'alors; et ainsi se trouvait de tous
points confirmé le récit mosaïque. Quelques-
uns, moins ignorants de l'anatomie, mais non
moins naïfs, voyaient dans la plupart de ces fossiles les os des éléphants d'Annibal, et prouvaient, l'histoire à la main, qu'ils ne se trompaient
pas. A cette époque, si rapprochée cependant de
nous, la géologie positive n'était pas née. Les
empreintes de coquilles et de poissons n'étaient
pas moins embarrassantes pour les naturalistes.
Arguer du déluge de la Bible ne suffisait pas.
Aussi Voltaire avait-il beau jeu pour intervenir
dans la discussion par ses amères plaisanteries.
Il prétendait que ces débris de poissons ou de
coquilles, trouvés sur les plus hautes montagnes,
provenaient du déjeuner d'un passant ou du
collier de quelque pèlerin de retour des croi-
sades, et que ces ossements de quadrupèdes

n'étaient que le rebut de la collection de quelque naturaliste voyageur.

Enfin Cuvier parut, et le premier créa la paléontologie, après avoir fondé l'anatomie comparée. Rapprochant les uns des autres ces divers ossements pétrifiés, étudiant la forme et la disposition des dents presque toujours si bien conservées, grâce à l'ivoire qui les recouvre, comptant les vertèbres, mesurant les fémurs, comparant les os du bassin, de la jambe ou du pied, il rétablit peu à peu dans leur véritable forme tous ces squelettes épars, qui pour la première fois apparurent reconstitués devant le tribunal de la science.

« J'étais, a dit éloquemment Cuvier, dans le cas d'un homme à qui l'on aurait donné pêlemêle les débris mutilés et incomplets de quelques centaines de squelettes appartenant à vingt sortes d'animaux; il fallait que chaque os allât retrouver celui auquel il devait tenir; c'était presque une résurrection en petit, et je n'avais pas à ma disposition la trompette toute-puissante; mais les lois immuables prescrites aux êtres vivants y suppléèrent, et à la voix de l'anatomie comparée, chaque os, chaque portion d'os reprit sa place. Je n'ai point d'expressions pour peindre le plaisir que j'éprouvais en voyant, à mesure que je découvrais un caractère, toutes les conséquences plus ou moins prévues de ce caractère se développer successivement; les pieds se trouver conformes à ce qu'avaient annoncé les dents; les dents à ce qu'annonçaient les pieds; les os des jambes, des cuisses, tous ceux qui devaient réunir ces deux parties extrêmes, se trouver conformés comme on pouvait le juger d'avance; en un mot, chacune de ces espèces renaître, pour ainsi dire, d'un seul de ses éléments [1]. »

La vie animale ne s'est pas seule développée plus grande et plus forte dans le système tertiaire, la vie végétale y a subi des transformations non moins étonnantes. La flore de cette période diffère de celle des précédentes; peu à peu les végétaux dicotylédonés ont pris le dessus. A cette famille appartiennent tous les grands arbres qui s'élèvent encore aujourd'hui dans

----

1. Cuvier, *Ossements fossiles*, 1812, tom. III, Introduction.

nos pays, arbres fruitiers ou forestiers, au tronc fibreux et plein, marqué de couches concentriques qui se forment vers l'extérieur, et nombrent la croissance annuelle. Le cèdre, le sapin, le chêne, le châtaignier, le hêtre, le peuplier, le poirier, la vigne, apparaissent avec l'âge tertiaire, et la flore va de plus en plus se complétant. Les végétaux dicotylédonés ont même des avant-coureurs dans la formation crétacée. Cependant les grands monocotylédones ne disparaissent pas encore de nos terrains. Ainsi les palmiers ont laissé çà et là leurs empreintes sur les feuillets des calcaires, des grès et des argiles tertiaires. On dirait qu'un climat sinon tropical, tout au moins méditerranéen, régnait alors sur toute l'Europe. C'est au milieu de ces forêts que se sont déposées les couches de charbon fossile, de lignite, de bois pétrifié de l'âge tertiaire. C'est à travers ces épais feuillages qu'ont gazouillé les premiers oiseaux, qu'ont voltigé les insectes, libellules ou papillons, dont on retrouve les débris ou les délicates empreintes sur quantité de couches marneuses. Au pied de ces mêmes forêts s'étendaient des lacs ou des marécages, au milieu desquels naissaient des poissons d'eau douce, et nageaient de nombreux batraciens. Les énormes tortues tertiaires, les trionyx, vivaient également non loin de ces parages, et le monde semblait s'animer, se parer, se charger de vie comme pour faire accueil à l'homme qui allait bientôt venir.

Et cependant, ce fut par des bouleversements terribles, par des éruptions volcaniques comme le monde n'en avait peut-être pas encore vues, que fut préparée l'apparition de l'homme. Les roches éruptives des périodes précédentes, les granits, les porphyres, cessent de s'épancher dès l'aurore tertiaire; le soulèvement des roches vertes elles-mêmes diminue de plus en plus d'intensité et finit à son tour; mais alors interviennent les roches volcaniques proprement dites, les trachytes, les basaltes, dont les éruptions se font encore sentir à cette heure dans tous les volcans allumés. Des chaînes de montagnes, dont quelques-unes sont parmi les plus hautes, les chaînes de la Corse et de la Sardaigne, les Alpes, l'Himalaya, les Andes,

s'élèvent successivement, au milieu de commotions immenses et de déluges grandioses. Peut-
être le l'homme primitif fut-il à la fois specta-
teur et victime du dernier de ces effrayants
cataclysmes, ce qui expliquerait ces traditions
persistantes que tous les peuples ont recueillies
sur les révolutions terrestres qui ont marqué leur
propre origine. Les volcans éteints, entre autres
ceux de l'Auvergne, des bords du Rhin, de l'Asie
Mineure, témoignent de ces éruptions tertiaires
qui l'emportent en intensité et en durée sur
toutes les précédentes. Quelques-uns de ces
phénomènes volcaniques paraissent avoir été la
cause, dans le nouveau monde, d'une seconde
apparition des métaux précieux. Des sources
d'eaux chaudes et alcalines, en relation avec les
évents allumés, auraient parcouru le sol, et
répandu çà et là l'or en paillettes et en pépites,
comme si le plus précieux des métaux, en se
montrant dans les terrains supérieurs, avait dû
préluder à la venue de l'homme.

Nous avons dit que les formations tertiaires
n'avaient pas été moins bien dotées que leurs
aînées de produits minéraux utiles. Les fameuses

mines de sel de Wielliczka, en Galicie, celles de soufre de Sicile, forment des espèces d'amas, de sacs, de poches, au milieu des terrains tertiaires; la plupart des mines de houille sèche et de fer de Provence sont du même âge; mais ce sont surtout les roches que demande l'architecte qui abondent dans ces terrains. Des brèches siliceuses que l'on trouve à la base, composent des marbres de couleur jadis très-estimés: telle la fameuse brèche dite d'Alep ou du Tholonet. L'argile plastique, le calcaire grenu, la molasse ou grès tendre, le calcaire à ciment, le gypse ou pierre à plâtre, les grès siliceux, les meulières dures et poreuses, les sables jaunes ferrugineux, sont partout abondamment répandus en France dans les formations tertiaires, et ont concouru à l'édification de nos plus grandes villes, Paris, Marseille, Avignon, Nîmes, Montpellier, Bordeaux, etc. Paris doit aux excellents matériaux qu'y recèle le sol, la plupart de ses monuments. Les géologues ont pris pour un des types et pour horizon de la période tertiaire, sous le nom de terrain parisien, la formation sur laquelle est assise la capitale de la France. Cette

formation est essentiellement composée de trois
groupes ou séries : l'argile plastique, le calcaire
grossier et le gypse ou pierre à plâtre. L'argile
plastique fournit de très-bonnes briques ; le calcaire grossier, ainsi nommé à cause de la rudesse
de son grain, donne une pierre de taille et un
moellon de premier choix ; enfin du gypse on tire
un plâtre sans rival pour la blancheur et le liant.
Notre-Dame est construite tout entière de calcaire coquillier tiré des carrières d'Ivry, et le
plâtre de Montmartre a servi à relier les cloisons
d'une partie des habitations du vieux Paris faites
de pans de bois.

Dans le midi de la France, les Romains, ces
grands bâtisseurs, ont mis partout à contribution
la molasse et le calcaire grossier. C'est avec ces
matériaux qu'ils ont édifié l'arc de triomphe dit
de Marius et le théâtre d'Orange, le mausolée et
l'arc de triomphe de Saint - Remy, les arènes
d'Arles et de Nîmes, le pont du Gard porté sur trois
rangs d'arches étagées, le pont Flavien de Saint-
Chamas, dont les deux extrémités sont surmon-
tées chacune d'un arc corinthien, et cent autres
monuments qui ont défié les siècles. La fameuse

cathédrale de Saint-Trophime à Arles, un des
restes les plus purs de l'architecture romane, et
l'hôtel de ville de cette cité, dessiné par Man-
sard; les ponts d'Avignon et de Pont-Saint-
Esprit, éternel honneur des frères pontifes du
moyen âge; les fortifications à l'italienne et le
palais de la Ville des papes; le lourd château de
Tarascon, qui abrita le bon roi de Provence René,
la vieille tour de Beaucaire, qui lui fait face et qui
vit passer Louis IX se rendant en terre sainte,
sont aussi des monuments que le Midi a retirés de
ses formations tertiaires. Le temps et le soleil y
ont revêtu la pierre d'un ton mat et doré, qui relève encore l'aspect imposant de la construction.

L'Italie a emprunté à des matériaux différents,
mais presque tous de ce même âge, une partie de
ses plus beaux édifices. Elle avait déjà les marbres
du terrain secondaire, dont elle a su tirer un si
grand profit pour la décoration de ses églises, de
ses musées, de ses jardins et de ses villas. Avec
les matériaux tertiaires, elle a embelli ses cités.
Florence est pavée de macigno, grès bleuâtre, qui
se divise en larges plaques, et qu'on assemble
sur le sol comme une immense mosaïque. C'est

également avec le macigno qu'Orgagna a élevé ces fameux arcs qui décorent la loggia *de'Lanzi*, et qui ont si étonnamment avancé l'aurore de la renaissance de l'art en Étrurie. Le grès macigno n'a que le défaut d'être gélif, c'est-à-dire de s'effeuiller par la gelée, et cet inconvénient est grave, même sous le ciel italien; déjà la loge d'Orgagna a subi de graves atteintes. Le Bargello, ancien palais du podestat; le Palais-Vieux, qui vit les premiers Médicis; le palais Pitti, qui abrita leurs descendants devenus grands-ducs et maîtres de la république, le palais Riccardi, une des autres demeures de cette maison princière, alors qu'elle n'était encore composée que de banquiers; le palais Strozzi, dont le grand architecte le Cronaca, rival de Michel-Ange, couronna le faîte d'une corniche restée malheureusement inachevée: tous ces monuments ont emprunté leurs matériaux à un calcaire tertiaire. Tous les édifices, publics ou privés, qui décorent la belle cité florentine, aujourd'hui capitale de l'Italie, sont faits de la même pierre. La roche est dure, forte, comme l'appellent les Italiens, elle peut se tailler en relief, en bossage, sans avoir rien à redouter des intempéries, sans que ses arêtes en soient le moins du monde émoussées. C'est avec elle que les Étrusques édifièrent leurs murs cyclopéens, c'est avec elle que les modernes Toscans et leurs aïeux du moyen âge ont bâti leurs principales villes. Ces élégantes cités qui ont nom Florence, Pise, Sienne, Lucques, Livourne, doivent tous leurs édifices aux roches du terrain tertiaire, encore plus qu'aux marbres des collines de Carrare et de l'Apennin. L'abondance et l'excellente qualité des matériaux de construction qu'on trouve en Étrurie, ont fait de tout temps des Tyrrhéniens un peuple de maçons et d'architectes. Nulle part, aujourd'hui encore, on ne bâtit mieux qu'en Toscane. De plus, au pied des montagnes de l'Altissimo et de Carrare, tout le monde naît sculpteur ou tout au moins ouvrier décorateur en marbre, *marmista*. A Volterra, où l'albâtre abonde, tout le monde, depuis trois mille ans que les Tyrrhéniens ont fondé la ville, et ouvert les premières carrières d'albâtre du voisinage, tout le monde naît également artiste. Ces mille objets en albâtre si délicatement fouillés, coupes, vases, statues, étalés dans les musées, dans les collections, viennent de Volterra. Toutes les familles du pays se livrent à l'industrie de l'albâtre, et le chef reste à la maison ciselant la pierre, pendant que les fils courent le monde pour vendre les produits paternels.

Une roche que la dernière formation de l'âge tertiaire a vue se produire, et dont le dépôt se continuera jusque dans l'âge suivant, le tuf calcaire ou travertin, joue également un grand rôle dans l'architecture italienne. Cette pierre est poreuse, tendre, se laisse couper au couteau, mais elle prend bien le mortier et durcit singulièrement à l'air. C'est de ce travertin, dont le nom même est emprunté au Tibre ou à Tibur, qu'ont été édifiés la plupart des anciens monuments de Rome; c'est de lui qu'est faite la voûte du grand égout, la *cloaca maxima,* que des architectes étrusques bâtirent à Rome sous les Tarquins, et dont l'embouchure s'ouvre sur le Tibre depuis deux mille cinq cents ans, sans qu'aucune réparation y ait jamais été faite. C'est également en travertin qu'a été construit le cirque ou Colisée, le Colosse, comme l'ont appelé les modernes Italiens, ou peut-être les Barbares émerveillés, pour témoigner de ses gigantesques dimensions.

Tout n'est pas dit. La ville de Romulus, située sur un sol volcanique éteint depuis les temps historiques, a dû à la pouzzolane un ciment hydraulique de premier ordre, le ciment romain. La pouzzolane est une terre, une cendre brune ou rougeâtre, agglutinée, durcie, mais facile à désagréger. Celle de Pouzzoles était surtout estimée, et c'est de là qu'est venu le nom que porte la roche. A Rome, l'excavation des carrières de pouzzolane a donné naissance aux catacombes. Il paraîtrait toutefois, d'après les dernières études de M. Rossi, que les catacombes chrétiennes ne sont pas d'anciennes carrières, et qu'elles n'ont été creusées que pour y placer des tombeaux. C'est ainsi que les Étrusques, à Chiusi en Étrurie, depuis les premiers temps, et à Rome sous les Tarquins, ont ouvert les montagnes de tuf ou de pouzzolane pour y cacher leurs sépultures. Les premiers chrétiens auraient emprunté cette coutume aux Étrusques, ou l'auraient apporté de Judée.

A Naples, à Syracuse, il y a aussi des catacombes célèbres, mais celles de Sicile sont cer-
tainement d'anciennes carrières. A Syracuse, on
montre la fameuse Oreille de Denys, l'endroit où,
dit-on, venait écouter le tyran, pour surprendre
les plaintes des malheureux que ses caprices
condamnaient aux carrières. Les catacombes de
Paris sont également renommées. Ce sont d'anciennes excavations souterraines, d'où est sortie
pierre à pierre, on peut le dire, et pendant
quinze siècles, de Julien à Napoléon, la grande
capitale de la France qui fut d'abord la modeste
Lutèce. Aujourd'hui ces catacombes sont aban-
données des carriers. Elles abritent les os de
trente générations retirés des caveaux des
églises, et de quelques cimetières tels que le
charnier des Innocents, ouverts jadis au sein
même de la ville.

Les terrains volcaniques, ces contemporains
éruptifs des sédiments tertiaires, n'ont pas borné
leur rôle à produire la pouzzolane; on en tire
aussi des roches massives, assez faciles à tailler,
bien que très-dures. Les Assyriens, les Égyptiens,
les Romains, ont employé le basalte dans leurs

édifices, surtout à l'état de colonnes, de vas-
ques, etc., et pour paver les grandes voies. Au
moyen âge, les cathédrales de Cologne, de Cler-
mont-d'Auvergne, empruntent également leurs
assises et leurs décorations extérieures à des
roches volcaniques. A notre époque, plus d'une
ville a été bâtie avec le basalte. Deux colonies
de la mer des Indes, pitons volcaniques émergés
un jour au-dessus de l'Océan, l'île Maurice, notre
ancienne Ile-de-France, l'île de la Réunion, naguère île Bourbon, n'ont même que le basalte à
employer dans tous leurs édifices. A Naples,
l'usage des mêmes pierres et du trachyte est
également très-répandu.

Les terrains volcaniques ont donné à certains
pays un relief et une physionomie particulière.
Rome est assise sur sept collines de basalte, de
peperino (poudingue ou porphyre volcanique)
et de trachyte. Ce sol mouvementé, troublé jadis
par les feux souterrains, secoué de nos jours
encore par des tremblements de terre, ne sem-
blait-il pas annoncer par sa rudesse et les phénomènes géologiques qui en avaient accompagné et suivi l'apparition, ce que serait un jour

la race qui viendrait planter là ses dieux lares?

Naples est également sur un sol volcanique, un volcan même la domine et menace de l'engloutir ; mais Naples n'est pas sur la montagne, qui ne lui sert que de ceinture ; elle est couchée dans la plaine, au bord de la mer. Paresseusement étendue devant son magnifique golfe, baignée par le soleil et les eaux, elle ne pouvait être que conquise et non conquérante. C'est en effet ce qui est arrivé ; les Tyrrhéniens et les Hellènes y ont jeté leurs colonies marchandes, alors que dans les défilés de l'intérieur de sauvages montagnards, principalement les Samnites, de qui descendent les brigands des Abruzzes, résistaient et résistent encore à toute immixtion étrangère.

En France, nos vigoureux Auvergnats, au caractère heureusement gaulois et non samnite, ne doivent-ils pas eux-mêmes une partie de leurs qualités physiques au sol qui les a vus naître ? Leurs aïeux furent comme eux rudes et opiniâtres. Gergovie est sur une crête basaltique, et l'héroïque chef des Arvernes y résista victorieusement à César, avant de venir succomber à Alesia. M. Élie de Beaumont, qui a fixé la géologie française, a fait remarquer l'un des premiers, et sans aucun esprit préconçu, l'influence que joue le sol sur le caractère des populations. Il regarde le plateau volcanique de la France et le bassin parisien comme les deux pôles du pays, l'un, pôle positif, centre des lumières, où fleurissent les arts, les lettres et le luxe avec eux; l'autre, pôle négatif, domaine de l'ignorance et de la pauvreté, mais d'où partent chaque année de robustes essaims, qui viennent comme pour retremper la population parisienne, et lui donner l'exemple du travail énergique, de la patience et de la sobriété.

Laissons parler l'auteur de cette judicieuse remarque, il dira la chose mieux que nous :

« Les deux parties principales du sol de la France, le dôme de l'Auvergne et le bassin de Paris, quoique circulaires l'une et l'autre, présentent des structures diamétralement contraires. Dans chacune d'elles, les parties sont coordonnées à un centre, mais ce centre joue dans l'une et dans l'autre un rôle complétement différent.

« Ces deux pôles de notre sol, s'ils ne sont
pas situés aux deux extrémités d'un même dia-
mètre, exercent en revanche, autour d'eux, des
influences exactement contraires : l'un est en
creux et attractif; l'autre, en relief, est répulsif.

« Le pôle en creux vers lequel tout converge,
c'est Paris, centre de population et de civilisation. Le Cantal, placé vers le centre de la partie
méridionale, représente assez bien le pôle sail-
lant et répulsif. Tout semble fuir en divergeant
de ce centre élevé, qui ne reçoit du ciel qui le
surmonte que la neige qui le couvre pendant
plusieurs mois de l'année. Il domine tout ce qui
l'entoure, et ses vallées divergentes versent les
eaux dans toutes les directions. Les routes s'en
échappent en rayonnant comme les rivières qui
y prennent leurs sources. Il repousse jusqu'à ses
habitants qui, pendant une partie de l'année,
émigrent vers des climats moins sévères.

« L'un de nos deux pôles est devenu la capitale de la France et du monde civilisé, l'autre
est resté un pays pauvre et presque désert.
Comme Athènes et Sparte dans la Grèce, l'un
réunit autour de lui les richesses de la nature,

de l'industrie et de la pensée ; l'autre, fier et
sauvage, au milieu de son âpre cortége, est
resté le centre des vertus simples et antiques, et,
fécond malgré sa pauvreté, il renouvelle sans
cesse la population des plaines par des essaims
vigoureux et fortement empreints de notre
ancien caractère national [1]. »

Tous les bassins tertiaires que n'ont pas visités
les roches volcaniques, rappellent de quelque
façon le bassin de Paris. C'est au milieu de
ces terrains d'une altitude peu élevée, aux coteaux doucement onduleux, jamais tourmentés,
que se sont assises les principales capitales de
l'Europe. Quand la libre volonté des populations
a fixé le choix, et non point une raison politique ou même un simple caprice des chefs
d'État, c'est toujours au milieu des bassins tertiaires, arrosés par de larges fleuves, que se
sont développées, non-seulement les capitales,
mais encore les principales villes de notre continent. Paris et Londres sont toutes deux au
milieu de terrains de cet âge, et chose éton-

1. *Explication de la Carte géologique de la France*, par
MM. Dufrénoy et Élie de Beaumont, tom. I. Paris, 1841.

nante, c'est la même assise qui les porte, celle de l'argile plastique. Ceci prouve qu'autrefois les deux pays n'en faisaient qu'un. Cependant il y a dans l'assiette des deux villes une différence géologique essentielle : l'argile plastique est surmontée, dans le bassin parisien, du calcaire grossier; ce calcaire manque dans le bassin de Londres. La métropole de l'Angleterre est sortie avant sa voisine du fond des eaux, et voilà pourquoi Paris est une ville de pierre et Londres une ville de brique.

En France, Marseille, Bordeaux, Rouen, sont au centre ou sur les bords de bassins tertiaires; en Italie, on peut citer au hasard Turin, Milan, Parme, Florence. Le choix de cette dernière ville comme capitale de l'Italie, dicté par des raisons peut-être passagères, est consacré par la géologie. Du côté du Pô, le seul point par où est à redouter l'invasion autrichienne, les Apennins enveloppent Florence comme d'une ceinture imprenable, et la ville peut s'étendre à souhait, au pied des monts, le long de l'Arno. Rome, en dépit de tous ses titres, n'en a point qui valent ceux-là. Que l'Italie y songe ! Les conditions topographiques devraient peut-être avoir ici le pas sur la poésie ou le sentiment.

Toutes les cultures entreprises sur les formations tertiaires ont un cachet différent de celles des terrains précédents. Les grandes prairies naturelles ou artificielles, les vastes forêts de sapins, de hêtres, les bois de chênes et de châtaigniers, ont presque partout disparu. Cependant les terres volcaniques et les grès siliceux tertiaires sont encore propices à la châtaigne et au gland, mais surtout au premier de ces fruits. Les collines calcaires portent volontiers le pin. Le froment vient assez bien dans les mêmes terrains, la vigne également, comme le prouvent une partie des crus du Bordelais et les vignobles italiens. Partout les populations se partagent entre la vie des champs et celle des villes, et sauf sur certains points, comme les plateaux basaltiques élevés, les habitudes policées ont pris partout droit de cité. Les habitants des pays tertiaires marchent en tête de la civilisation et du progrès. Non-seulement ils gardent presque toutes les embouchures des grands fleuves, de ces routes qui marchent, comme les

appelait Pascal ; mais c'est vers eux encore que
s'avancent de préférence, ce sont leurs villes que
traversent le plus volontiers les grandes routes
de terre et de fer. Tout concourt donc au bien-
être des pays d'âge tertiaire, et les conditions
physiques du sol, et les conditions économiques
qui en dérivent. Ces pays, ayant été formés des
derniers, se sont enrichis de la dépouille des
dépôts précédents, qu'ils ont ajoutée à leur
propre fonds. Ce n'est que dans l'âge tertiaire
que sont sortis du fond des eaux les bassins de
Londres et de Paris, qui ne seront même complets et définitivement arrêtés dans leurs contours qu'à la fin de l'âge suivant, le dernier
qu'il nous reste à parcourir.

IV.

LA PÉRIODE CONTEMPORAINE.

Formations quaternaires. — Le règne de l'homme. — Grands mammifères fossiles. — Anciens glaciers. — Blocs erratiques. — Hypothèses des géologues. — Terrain alluvien. — Placers. — Guano. — Sel nitre. — Solfatares. — *Soffioni.* — Vastes plaines. — Dernière flore et dernière faune.

La période à laquelle nous sommes arrivé est celle qu'en géologie on désigne sous le **nom** de quaternaire, à cause de la position qu'elle occupe dans l'ordre des formations. Cette période a vu de nombreux déluges, peut-être les plus grands qui jamais aient eu lieu ; de là le nom de *diluvium* qu'on lui donne quelquefois, surtout pour en caractériser les débuts. Nous l'appelons la période contemporaine, parce que cet âge, qui se poursuit encore aujourd'hui, est celui où pour la première fois est apparu l'homme. L'avénement de notre espèce peut même servir à désigner cette période sous le nom de règne de l'homme, comme les crustacés, les reptiles, les quadrupèdes ont servi à dénommer les âges précédents.

Les formidables déluges qui ont eu lieu à l'aurore de la période contemporaine, ont laissé partout des traces devant lesquelles on reste confondu. Ce sont des dépôts énormes de cailloux roulés, des couches puissantes de sable, de tuf, déposées le plus souvent à des niveaux que les plus hautes eaux ne sauraient désormais atteindre. Partout on peut interroger les témoins de ces débâcles grandioses. Les légendes de tous les peuples ont gardé aussi le souvenir de ces effrayants phénomènes, et l'on peut dire sous ce rapport que le récit mosaïque est confirmé par la géologie. L'homme primitif, à peine né, fut emporté, détruit dans quelqu'une de ces catastrophes. Dans certains dépôts diluviens, on retrouve aujourd'hui ses os mêlés à d'autres ossements fossiles de mammifères qui depuis se sont complétement éteints, ou ont émigré vers d'autres climats.

Ces temps géologiques, qui ont vu l'homme

fossile, sont bien antérieurs aux temps de la fable. L'éléphant à crinière, le renne, l'ours des cavernes, vivaient alors avec l'homme dans nos contrées. L'éléphant velu a partout disparu, le renne s'est peu à peu cantonné dans les régions boréales, l'ours des cavernes a fait place à d'autres espèces.

Pour expliquer la présence du renne dans les contrées tempérées de l'Europe, où l'on rencontre partout ses débris fossiles, on est obligé d'admettre une température moyenne beaucoup plus basse que celle qui règne aujourd'hui sous ces mêmes latitudes. Le contraire serait plus facilement acceptable. Si la terre, d'abord à l'état de masse gazeuse ignée, puis liquide, puis pâteuse, est allée peu à peu se solidifiant et se refroidissant, le phénomène n'en a pas moins eu lieu d'une manière graduelle. Il faut donc supposer de toute façon que, dans les époques géologiques plus anciennes que la nôtre, les températures du sol et de l'air étaient plus élevées que maintenant. La majeure partie des savants sont de cet avis, et ne font d'exception que pour cette phase du dilu-

vium qu'ils appellent l'époque glaciaire. A ce
moment, disent-ils, presque toute l'Europe était
sous les glaces. Et pour confirmer leur dire,
ils s'appuient sur ces échantillons de roches
striées, polies, qu'on rencontre très-loin de
leur point de départ, et qu'auraient charriées
les glaciers d'autrefois, comme le font encore
ceux d'aujourd'hui. Ils citent ces blocs erratiques énormes, qu'on trouve même à des centaines de lieues de la roche en place, isolés,
perdus, témoins muets des phénomènes qui
ont marqué une partie de l'ère du diluvium.
Les glaciers des Alpes se seraient ainsi étendus jusqu'à Lyon, le long de la vallée du
Rhône, et sur tout le Jura le long de celle de
l'Aar.

On ne peut invoquer ici, à la façon des
anciens, ni le travail de prétendus géants ou
titans, ni des explosions volcaniques en ce cas
aussi inadmissibles, ni même le transport des
eaux torrentielles. Les stries aussi nettes que
nombreuses dont sont rayés les blocs, et les
arêtes vives qu'ils ont conservées, deux phénomènes qui se retrouvent dans les glaciers ac-

tuels, font rejeter le transport par l'eau. Il faut
admettre des glaciers, ou tout au moins des
glacés flottantes, des débâcles, comme celles
qui surviennent aujourd'hui encore sur les fleuves
de l'Amérique du Nord, par exemple le Saint-
Laurent.

En Europe, on trouve surtout des blocs erratiques dans toute la Prusse et la Russie septentrionales, et ces roches proviennent en ce
cas des granits de la Suède et de la Laponie.
Des radeaux de glace, porteurs des blocs, ont
traversé la Baltique comme ceux qui, partant du
pôle, viennent encore aujourd'hui échouer sur
les côtes de l'Amérique du Nord ou de l'Islande.
En France, les Vosges, le Jura, la Savoie, le
Dauphiné, les contours du plateau central, le
plateau de Bretagne, les flancs des Pyrénées; en
Suisse, en Italie, tous les revers des Alpes; en
Espagne, les versants des Asturies, sont semés
de blocs erratiques. On en rencontre également dans le pays de Galles et le long de la
chaîne pennine qui forme l'axe longitudinal et
comme l'épine dorsale de l'Angleterre. Ici encore on a reconnu dans les blocs une variété de

granit norvégien. En Autriche, au pied des Car-
pathes; en Russie, autour du Caucase; en Syrie,
aux flancs du Liban, on voit aussi des blocs erratiques. On en a relevé également dans l'Inde
autour de l'Himalaya; dans l'Amérique du Nord,
au pied des Alleghanys; dans l'Amérique du Sud,
le long des Andes; dans la Nouvelle-Zélande;
et récemment encore, M. Agassiz en signalait
dans tout le bassin de l'Amazone.

Une partie de l'époque diluvienne a donc été
marquée par des phénomènes glaciaires d'une
immense étendue, et sans doute d'une très-
longue durée. On va même jusqu'à compter en
Suisse deux époques glaciaires distinctes, séparées par une ère moins froide. Les naturalistes,
les physiciens, les astronomes, se sont perdus en
conjectures pour donner de tous ces faits une
explication satisfaisante. Beaucoup ont préféré
les nier, mais il a fallu se rendre à l'évidence;
et tandis que quelques-uns résistent encore, on
cite plus d'une éclatante conversion. Comment
justifier en effet ces transports si lointains des
masses erratiques, si ce n'est par d'anciens
glaciers? Des avalanches, des débâcles de

lacs alpins occasionnées par la fusion d'une ceinture de glaces, ne rendent compte que de phénomènes locaux. Il faut donc recourir de toute force à des glaciers mouvants, depuis disparus, et pères de ceux d'aujourd'hui ; mais qui dira l'origine de ces anciens glaciers ?

Pour répondre à tous les cas à la fois, quelques savants ont imaginé un déplacement des pôles et du centre de gravité du globe, ou l'interposition momentanée d'une matière cosmique qui aurait servi d'écran entre la terre et le soleil. D'autres ont invoqué le mouvement de translation qui emporte notre système planétaire, et le passage de la terre au milieu d'espaces célestes congelés. Entraînée à la remorque du soleil, la terre se serait glacée dans cette partie du voyage. Il en est qui ont recouru à des hypothèses peut-être plus rationnelles, et qui ont cherché la raison des grands phénomènes glaciaires et du changement de climat qui en fut la cause, dans la disparition de certains continents et le soulèvement de certains autres. Le désert de sable du Sahara a émergé

du fond de la mer vers le commencement de
l'époque diluvienne. Ce phénomène a suffi pour
soumettre la partie de l'Europe centrale que
dominent les Alpes aux effets du vent chaud du
désert, le simoun, qu'on nomme dans la Méditerranée le sirocco, et qui engendre en Suisse le
fœh en le *favonius* des Latins. Quelques-uns des
glaciers alpins ont alors fondu et déposé sur place
les blocs de rocher qu'ils portaient avec eux.

Il reste à expliquer la disparition des anciens
glaciers du nord de l'Europe. Qui sait, à ce
propos, si cette fameuse Atlantide dont parle
Platon n'a pas existé, et fait place, en som-
brant, à l'océan Atlantique, d'où serait immédiatement parti le *gulf-stream*, ce courant du golfe
mexicain, qui réchauffe si singulièrement une
partie de l'Europe septentrionale? Le soulèvement de la chaîne des Andes, qui s'est opéré
pendant l'époque quaternaire, suffit du reste à
expliquer l'origine du *gulf-stream*. L'isthme de
Panama s'est alors formé, et a séparé les eaux
de l'océan Atlantique de celles du Pacifique. Le
courant du golfe mexicain pourrait bien avoir
pris au début une direction un peu différente de

celle qu'il a aujourd'hui, et être venu caresser les rivages sibériens, qui auraient ainsi joui d'un climat presque tempéré. C'est à cette époque qu'aurait vécu, dans l'Asie septentrionale, le mammouth ou éléphant primitif, que plus tard les glaces, dans un refroidissement subit, ont surpris et enterré sur place. Aujourd'hui, en Sibérie, on retrouve le mammouth conservé intact avec sa chair et le poil qui lui servait de crinière. Cette toison semble indiquer un climat déjà assez froid.

Telles sont les explications par lesquelles les *glaciéristes* essayent de se rendre compte des faits qu'ils ont découverts; mais comme des blocs erratiques ont été presque partout rencontrés, on ne saurait imaginer pour chaque point un soulèvement ou un affaissement, une apparition ou une disparition de telle ou telle partie de continent, encore moins d'un continent tout entier, ou bien supposer un courant chaud sousmarin venant des tropiques et un contre-courant froid venant des pôles. La théorie ne peut pousser si loin le champ des conjectures. Les raisons que donnent les antiglaciéristes de simples transports des blocs erratiques par les eaux, ne sont non plus guère acceptables; et quant aux éléphants trouvés intacts dans les glaces de la Sibérie, il semble difficile d'admettre qu'ils soient descendus avec le déluge asiatique des flancs de l'Himalaya soulevé. La distance à parcourir est trop grande; puis les naturalistes opposent victorieusement en ce cas à leurs adversaires et la crinière protectrice de l'éléphant qui dénote un climat froid, et les espèces analogues trouvées dans d'autres régions avec le renne. Ainsi les os de ce même éléphant chevelu ont été rencontrés en France dans le diluvium de l'époque glaciaire.

Ne cherchons pas de plus amples explications. Bornons-nous à constater les faits; ils existent, cela est certain. Sans partager les exagérations des glaciéristes, qui vont jusqu'à admettre partout deux époques glaciaires différentes, on doit considérer comme hors de doute qu'à un moment du diluvium un froid intense a régné dans des contrées devenues depuis tempérées. La raison de ces changements anormaux nous sera peut-être toujours cachée. Qu'importe? Il

y a tant d'autres phénomènes que nous n'expli-
quons point. Notre existence même, et c'est
peut-être un bien, n'est-elle pas comme un continuel problème dont nous ne pourrons jamais
dégager l'inconnue? Au lieu donc d'aller se
creuser la tête à forger des suppositions plus
ou moins ingénieuses, n'est-il pas plus simple
de dire ici, comme le faisait quelquefois Arago :
Je ne sais pas?

Après les phénomènes diluviens et glaciaires
que nous venons d'étudier, commence une époque plus calme, plus chaude, celle que l'on
peut nommer l'époque alluvienne ou récente.
Elle comprend déjà les âges mythologiques.
Bientôt après commence l'histoire, et avec elle
les phénomènes géologiques actuels dont nous
sommes encore témoins. Ces phénomènes sont
principalement, dans l'ordre sédimentaire, la
formation des tourbières, des deltas des fleuves,
l'avancement des dunes, les dépôts de bancs
de coraux, de grès marins, le transport des
alluvions par les pluies, les orages; et dans
l'ordre éruptif, le soulèvement ou l'affaissement des côtes, les tremblements de terre,

les éruptions volcaniques. On peut dire toutefois qu'aucune révolution violente n'est venue marquer jusqu'ici le cours de cette ère nouvelle. Le calme de la nature semble avoir précédé l'avénement de la civilisation; mais que sont les huit ou dix mille ans de l'époque historique, devant la durée qu'exigent quelquefois pour se produire les phénomènes géologiques les plus simples?

Les dépôts quaternaires, contrairement à ce qu'on pourrait croire, ne sont pas moins bien fournis que leurs aînés de tous les minéraux indispensables à l'homme. Les gîtes métallifères que l'on nomme les placers, datent de cette époque. Ils contiennent, suivant les localités, l'or, le platine, à l'état métallique; le fer, l'étain, à l'état de minerais oxydés; enfin les plus précieuses gemmes, telles que le diamant, le saphir, le rubis.

Les placers se composent de sables désagrégés, de cailloux roulés, et quelquefois de lits compactes de poudingue, d'argile, enterrés à d'assez grandes profondeurs. Presque toujours les matières dont ils sont formés ont été arrachées à des roches préexistantes, encore en place. Cependant on invoque aussi pour l'or, nous l'avons vu, le passage de sources chaudes et alcalines, qui auraient contenu le métal en dissolution, et l'auraient laissé peu à peu déposer.

Les minerais de fer dits d'alluvion et en grains sont aussi d'âge diluvien ou récent. Ces dépôts remplissent des cavités, des espèces de poches, d'amas ou de sacs, et ces cavités sont ouvertes au milieu des terrains quaternaires eux-mêmes, ou des formations d'âge antérieur.

Le minerai de fer dit des marais, des lacs et des prairies, à cause des points où on le trouve, est frère du précédent. Il est dû, comme lui, à des dépôts de sources ferrugineuses, dont quelques-unes agissent encore sous nos yeux, et nous mettent ainsi au courant des moyens que la nature a dû employer dans les formations géologiques du passé.

Aux dépôts d'âge quaternaire appartiennent aussi les tourbières, vastes amas de plantes aquatiques, fibreuses, remplissant le fond d'anciens lacs, d'anciens marais, ou déposées sur

certains plateaux. Ces végétaux, à moitié fossiles, sont entrelacés, feutrés et comme soudés
ensemble. Ils se débitent en mottes à la bêche,
et peuvent fournir, surtout après avoir été lavés,
comprimés et au besoin distillés, un assez bon
combustible.

On rencontre dans les plus anciennes tourbières des ossements d'animaux éteints, et dans
les plus modernes, des restes de l'industrie de
l'homme primitif ou civilisé. Ces faits prouvent
que le dépôt de la tourbe est continu sur certains points, et s'est poursuivi même dans les
temps historiques.

Les roches qu'utilise l'art de bâtir sont assez
abondantes dans les terrains quaternaires. C'est
d'abord du sable et des cailloux roulés, y compris ceux des cours d'eau actuels, et qu'on
emploie avantageusement dans la fabrication
du mortier, du béton et du macadam; puis
de l'argile, dont on fait des briques et de la
terre à pisé; puis du tuf, du travertin, qui servent de pierre de taille ou de moellon; enfin des
blocs erratiques, qu'en Poméranie on cherche
avec la sonde jusque sous le sol. Dans l'Inde,

dans les îles de l'océan Indien, en Arabie, dans la mer Rouge, les dépôts de coraux sont exploités comme pierre à bâtir, et pour la chaux qu'on en retire. Enfin les laves, les argiles et les cendres volcaniques, datant de l'époque diluvienne ou présente, s'emploient dans les constructions, soit à l'état de moellon, soit à l'état de pouzzolane, comme les roches volcaniques anciennes.

Quelques minéraux particuliers, dont l'industrie a su tirer le plus grand profit, sont contenus dans les terrains quaternaires. Citons entre autres le guano, composé de bancs d'excréments fossiles répandus dans quelques îles tropicales, mais surtout vers le Pérou, aux îles Chincha, où jamais il ne pleut. Les oiseaux marins du passé, les cormorans, les pélicans, les pingouins, qui se gorgeaient de poissons dans ces parages, ont préludé là, tous les jours, religieusement, à leur laborieuse digestion. Quelques-uns sont tombés sur place pour ne plus se relever, et, moulés dans leurs excréments, y sont passés à l'état fossile. On peut voir encore aujourd'hui dans les mêmes eaux, sur les mêmes îles, les mêmes volatiles

se livrer, à l'imitation de leurs ancêtres, au
même travail; mais combien le guano du passé
vaut mieux que celui d'à-présent! Les Incas, au
temps de leur florissant empire, avaient reconnu
les propriétés fertilisantes de cet engrais presque minéralisé, et ils avaient défendu, sous les
peines les plus sévères, de tuer, de déranger
même les oiseaux marins qui continuaient à
confectionner le guano. Après la conquête espa-
gnole, l'usage de ce fumier se perdit. Les propriétés de l'engrais tropical n'ont été retrouvées
qu'à notre époque. Elles ont fait la fortune du
Pérou, qui s'est empressé de concéder à une
compagnie anglaise le monopole d'exploitation
de cette précieuse substance, dont il tire aujourd'hui les plus clairs de ses revenus.

Il faut citer avec le guano le sel nitre
(azotate de soude) qui existe également au
Pérou, dans les sables d'Iquique. Ce nitre pro-
vient de sources minérales aujourd'hui taries.
On lessive les sables et l'on fait cristalliser le
sel. Le sel de natron ou alcali naturel (carbonate de soude), qu'on retire de certains lacs
desséchés de la haute Égypte, de l'Abyssinie,

de l'Inde, est parent du nitre péruvien. Parmi les produits importants de l'époque actuelle, il y a l'acide borique dont on fait le borax, et qu'on exploite dans les soffioni (jets de vapeur) et les *lagoni* (petits lacs artificiels) de Toscane et de Californie; puis le sel ammoniac (chlorhydrate d'ammoniaque), et avec lui l'alun, le soufre qu'on recueille dans toutes les solfatares ou cratères à moitié éteints.

Mais ce n'est pas seulement par l'abondance et la variété des minéraux utiles que la période quaternaire est intéressante à étudier. Plus qu'aucune des précédentes, elle a vu descendre dans les plaines et les bassins des terres accumulées, sur lesquelles devaient se développer plus tard les plus belles campagnes. Une première végétation, trouvant là un lieu des plus propices, s'est élancée vigoureuse. La décomposition lente des racines et des feuilles a donné naissance à l'humus, au terreau, et sur des lieux plats ou en pente douce, que les eaux arrosaient mais ne dévastaient point, se sont ainsi élevés peu à peu d'énormes bancs de terre végétale. Les plus riches plaines reposent sur les formations diluvienne et alluviale. C'est là que le froment, le chanvre, le maïs, le riz, poussent de préférence. Les magnifiques campagnes de la Limagne d'Auvergne, arrosées par l'Allier; la vallée du Grésivaudan, où coule l'Isère; la Camargue d'Arles, fécondée par le Rhône; les plaines de l'Alsace, baignées par le Rhin; celles de la Lombardie, par le Pô, sont toutes formées de détritus d'âge quaternaire. Il en est de même des terres noires du Danube, qui fournissent les blés que le commerce autrichien et russe envoie chaque année en si grande abondance à Marseille. On connaît la fertilité des alluvions du Nil. Dans l'Inde, les terres qui produisent la canne, le riz, le coton, ont été également charriées par des eaux diluviennes. Enfin à l'île Maurice et à l'île Bourbon, les superbes plantations de cannes qui font la fortune de ces deux colonies, sont aussi établies sur des atterrissements. Pourquoi faut-il que, dans les plus anciens pays civilisés, ces mêmes plaines que la nature n'a livrées à l'homme que pour la culture, soient encore des plaines de carnage, et que les plus grandes mêlées aient eu lieu au cœur même de ces terrains? Marquez, sur une carte d'Europe, les plaines alluviales de la Lombardie, de la Prusse, de l'Autriche, vous reçontrerez à chaque pas des noms de batailles fameux.

Les végétaux qu'a vus naître et se développer l'époque diluvienne étaient peu différents de ceux d'aujourd'hui. Il en était de même des espèces animales. Les climats s'étaient formés, et les divers représentants du monde organisé s'étaient déjà cantonnés suivant les contrées et les latitudes. Les palmiers avaient gagné les régions tropicales. Les paresseux fossiles, dont faisait partie l'énorme mégathère, s'étaient limités à l'Amérique du Sud, le seul pays où l'on retrouve aujourd'hui cette espèce animale vivante; de même les kanguroos fossiles s'étaient parqués en Australie. Seule l'époque glaciaire vint rompre un moment l'harmonie progressive qui jusque-là semblait avoir régné dans les développements du globe. Après l'époque glaciaire, la marche régulière se rétablit. Quelques espèces s'éteignent encore, et nous arrivons insensiblement à l'époque présente, où les phéno-

G.

mènes géologiques se poursuivent sans que
nous en ayons nettement conscience. La vie des
sociétés est trop courte, et celle de l'humanité
tout entière le sera aussi probablement, pour
mesurer ces grands phénomènes. Cependant on
ne saurait nier que, même depuis les temps historiques, l'homme n'ait assisté à l'extinction,
sinon à la création de quelques espèces animales, et que des modifications sensibles n'aient
eu lieu dans le relief géologique ou dans
climat de certaines localités.

V

L'ANCIENNETÉ DE L'HOMME.

Ce qu'on entend par l'homme fossile. — Opinion des anciens géologues et de Cuvier. — Les cavernes. — M. Boucher de Perthes. — M. E. Lartet. — Restes de l'industrie primitive de l'homme. — Les cités lacustres. — L'âge de pierre. — L'unité de l'espèce humaine. — Date de la première apparition de l'homme.

Il convient de revenir sur celui des êtres apparu le dernier dans la dernière période géologique, sur l'homme, nous entendons l'homme primitif, tel qu'il devait être lorsqu'il contempla pour la première fois, nu et chétif, étonné, inquiet, le monde qui s'étendait devant lui.

De tout temps la question de notre origine a préoccupé les philosophes, les naturalistes. Le problème est à jamais insoluble, si l'on veut se reporter à l'apparition du premier germe, et en rechercher les causes; mais si l'on prétend seulement déterminer l'époque certaine où l'homme, nouveau chaînon dans la série des êtres, est apparu pour la première fois, la question se présente avec une grande netteté. C'est une simple date géologique à fixer. Il s'agit de savoir si l'homme a fait son apparition à l'aurore de la période quaternaire, ou seulement après les troubles qui ont marqué les premiers temps de cette période. Le débat porte sur ce point : l'homme a-t-il vécu avec les grands mammifères éteints du diluvium : le mammouth ou éléphant primitif, le rhinocéros à narines cloisonnées, le renne, le cerf aux grandes cornes, l'ours au front bombé, l'hyène, le lion des cavernes? A-t-il laissé ou non ses os parmi ceux de ces êtres disparus? L'homme, en un mot, est-il ou non fossile?

C'est seulement depuis quelques années que la question, remise à l'ordre du jour avec une persistance que sa gravité explique, a pu être définitivement tranchée. Oui, l'homme est d'âge antédiluvien! Son antiquité, dépassant les origines de l'histoire, les temps fabuleux, se perd dans les débuts de la dernière période géologique. Naguère on donnait à l'homme, en se fondant sur les documents historiques, de six à dix mille ans d'existence, et l'on croyait aller bien loin. On avait toujours présente aux yeux la chronologie de la Bible ou plutôt l'interprétation qu'on en faisait, et quand on rencontrait des doutes, par exemple à propos de la Chine, dont les annales historiques sont les plus anciennes, on disait, avec les pères jésuites, qu'il fallait faire abstraction de la Chine dans le déluge de Noé : les eaux diluviennes n'étaient pas arrivées jusque-là. Mais la géologie n'a pas à s'inquiéter de l'interprétation des livres saints ; elle doit marcher son chemin, et c'est aux théologiens à mettre d'accord les faits qu'elle constate avec les textes qu'eux seuls ont mission d'expliquer.

La question de l'homme fossile, ou, si l'on veut, de l'ancienneté de l'espèce humaine, a toujours préoccupé la science. Les vieux géologues, ceux entre autres du siècle dernier, allaient jusqu'à donner le nom d'homme diluvien, *homo diluvii testis*, et même de préadamite, c'est-à-dire aïeul d'Adam, à des restes de salamandre trouvés dans le terrain crétacé. Ils auraient bien ri de la timidité de leurs successeurs qui, hier encore, ne voulaient pas admettre l'homme fossile pour ne point entrer en lutte avec les traditions hébraïques. Quand on apportait à Cuvier quelques ossements de mammifères éteints qui semblaient porter des empreintes laissées par la main de l'homme, la légende prétend que le grand naturaliste répondait : « Il n'y a pas d'homme fossile ! » A vrai dire, le célèbre *Discours sur les révolutions du globe* n'est pas précisément écrit à l'appui de cette thèse; mais, sans nier qu'on puisse trouver un jour l'homme antédiluvien, Cuvier se plaît à démontrer dans cet écrit la jeunesse plutôt que l'ancienneté de l'espèce humaine.

Les disciples de Cuvier restèrent fidèles à cette doctrine. Toutes les fois qu'on trouvait dans les cavernes des outils de pierre taillés de main d'homme, et des ossements humains mêlés à ceux de l'hyène, de l'ours, du lion et du renne fossiles, ils prétendaient que ces faits ne prouvaient rien, et que des débâcles pluviales, comme on en voit encore aujourd'hui dans les inondations, avaient porté là tous ces débris; que du reste les cavernes avaient pu, à diverses reprises, servir de repaire aux animaux; que les carnassiers y avaient emporté et mangé les herbivores, et que c'était là la raison de tous ces ossements accumulés. Plus tard l'homme primitif était venu; il avait aussi habité ces grottes, y avait cherché un refuge, une sépulture, y avait même laissé ses armes et ses outils, des flèches, des haches, des couteaux en silex, qui s'étaient mêlés et cimentés avec les ossements des anciens mammifères; mais ces animaux avaient habité les cavernes bien antérieurement à l'homme.

En 1845, la question n'avait guère avancé. Un savant naturaliste, depuis converti à la théorie de l'homme fossile, écrivait, dans le *Dictionnaire universel d'histoire naturelle* de Ch. d'Orbigny, un article sur les cavernes, qui semblait devoir trancher définitivement le problème. L'homme n'était pas contemporain des grands mammifères fossiles de la période quaternaire, et M. Desnoyers donnait dans tous leurs détails, pour expliquer la présence simultanée des ossements humains avec ceux de ces mammifères, les raisons que nous n'avons fait qu'effleurer. En vain différents géologues, en France, en Belgique, en Angleterre, en Allemagne, dès le commencement de ce siècle, avaient successivement signalé dans quelques grottes des traces positives de la contemporanéité de l'homme et des quadrupèdes primitifs ; en vain ils avaient montré des ossements d'animaux travaillés, ornés par l'homme ; en vain, comme à Engis, près de Liége, on avait découvert, en 1833, un crâne fossile, et précédemment (1823) des restes humains dans le limon de la vallée du Rhin, à vingt-huit mètres de profondeur ; partout la majorité des géologues avait refusé de se rendre à des preuves si convaincantes.

Cependant en 1847, un riche habitant d'Abbeville, archéologue, collectionneur, M. Boucher de Perthes, annonçait au monde savant que, depuis longues années, il avait rencontré dans le diluvium de la Somme des silex taillés, presque tous de même forme, du type des haches celtiques. Il y voyait les premiers outils de l'homme, et, à défaut d'ossements fossiles, arguait de ces restes pour proclamer, avec une persistance qui ne se démentit pas un instant, malgré toutes les dénégations qui lui furent opposées, l'antiquité de l'espèce humaine. Mais ni les découvertes répétées de M. Boucher de Perthes, ni toutes celles dont il a été parlé, n'avaient convaincu la science, surtout la science officielle. L'Institut avait peine à garder son sérieux quand un géologue de province ou de l'étranger envoyait à Paris des armes et même des os provenant du premier homme. Ce fut donc vainement qu'en 1857, à Neanderthal, près de Dusseldorf (Bavière rhénane), on découvrit un crâne dans lequel tous les anthropologistes se plurent à reconnaître des caractères étranges. Il tenait par sa forme du crâne du gorille et du chimpanzé, comme si l'homme avait dû descendre du singe; mais les géologues persistèrent à ne voir en l'homme, suivant le mot de Vogt, qu'un Adam dégénéré et non un singe perfectionné.

Les choses en étaient là quand, en 1860,

M. E. Lartet, qui déjà s'était fait connaître
par la détermination des ossements fossiles de
la colline tertiaire de Sansan, eut occasion de
passer avec un savant anglais, feu M. Christy,
par un petit village de la Haute-Garonne qu'on
appelle Aurignac. Un carrier, huit ans auparavant, y avait découvert dans une grotte, dont
l'ouverture avait été fermée jusque-là par une
large dalle que le hasard fit seul déplacer, une
sépulture primitive. Le maire de l'endroit, un
docteur médecin, après avoir constaté que ces
ossements provenaient de dix-sept cadavres distincts, hommes, femmes ou enfants, s'était empressé de les faire porter en terre sainte, sans
paraître le moins du monde soupçonner l'importance qu'ils avaient pour la science, et à la
seule fin de faire taire les fables de faux mon-
nayeurs, et les bruits étranges de crimes, d'as-
sassinats, qui commençaient à circuler dans le
pays et à troubler toutes les têtes. Ces restes
humains qui, depuis les temps antéhistoriques,
reposaient paisiblement dans la grotte d'Aurignac, avaient été ainsi arrachés à leur première sépulture, et enterrés dans le cimetière

du pays, pêle-mêle, en un point que le fossoyeur ne sut plus indiquer.

Tout en déplorant ce fâcheux incident, M. Lartet n'en fit pas moins rouvrir la caverne, et y trouva des lits d'ossements divers appartenant à des mammifères, et mêlés à des terres sableuses agglutinées ensemble. Des armes, des outils en silex étaient joints aux ossements. Un os de rhinocéros était cassé comme si l'homme avait voulu en sucer la moelle; il portait la trace des coups qu'il avait reçus d'un silex tranchant; des os de renne présentaient des marques analogues, vers l'attache des tendons qui avaient dû être coupés pour en faire des fils. Il n'y avait donc plus de doutes à garder : l'homme avait été le contemporain de toutes ces espèces anéanties.

Plus tard (1862-65), M. Lartet complétait sa découverte par celle des grottes du Périgord, aux Eyzies, à Laugerie et la Madelaine, où il trouvait, avec les objets en silex partout reconnus, des ossements de renne travaillés, façonnés de main d'homme en pointes de flèches, harpons, manches de poignard, aiguilles à coudr , etc.,

enfin des plaques d'ivoire ou de schiste sur lesquelles étaient représentés d'une manière très-
nette le renne, l'éléphant à crinière et divers
autres animaux.

A la même époque (1860-63), M. de Vibraye
dans l'Yonne, M. Garrigou dans les Pyrénées,
fouillaient les cavernes avec non moins de bon-
heur, pendant qu'à Moulin-Quignon, près d'Abbeville (1863), M. Boucher de Perthes couronnait
ses découvertes de silex travaillés par la rencontre d'une mâchoire humaine, qu'un congrès
international de savants, Anglais et Français,
réunis dans ce but, reconnaissait comme fossile.
Il faut néanmoins avouer que l'authenticité de
cette pièce laisse encore quelques doutes;
mais en 1865, dans le terrain supérieur du Val-
d'Arno, un crâne a été découvert portant les
caractères de la plus haute antiquité; enfin, tout
récemment (1866), M. E. Dupont, en fouillant les
cavernes de la Belgique, a confirmé sur nombre
de points et pour le bassin de la Meuse, les
découvertes qu'on vient de rappeler. Dans près
de trente cavernes, qui ont toutes servi de
demeure ou de sépulture à l'homme, il a con-

staté les mêmes faits : la présence des ossements
de renne, d'ours, d'hyène, d'éléphant et de
rhinocéros, mêlés à des ossements ou des restes
humains.

Il semble donc qu'il ne peut plus y avoir de
doutes sur l'ancienneté de l'espèce humaine.
Aussi des géologues, parmi lesquels est maintenant M. Desnoyers, converti à la théorie nouvelle, n'hésitent pas à reporter au delà même
de la période quaternaire l'époque de l'apparition du premier homme. M. Desnoyers a trouvé
près de Chartres, dans le terrain tertiaire supérieur, des ossements d'éléphant méridional
(*Elephas meridionalis*), caractéristique de cette
époque, et qui portent la marque évidente d'en-
tailles faites par un outil tranchant. Après lui,
l'abbé Bourgeois a découvert dans le même terrain (1866) des haches et des couteaux de silex.
Qu'y aurait-il d'étonnant qu'à la fin de la période tertiaire, à un moment où les conditions
climatologiques ne s'opposaient pas à la venue du
plus perfectionné des êtres, cet être ait fait
son apparition? On ne voit aucune raison va-
lable à ce que celle-ci ait été retardée, quand

tous les milieux étaient propres à la production
de ce grand phénomène, en vue duquel semble
avoir été jusqu'ici conduite toute la formation
de la terre.

Malgré tant de preuves qui combattent en
faveur de la haute antiquité de l'homme, la
question n'est pas encore définitivement jugée
pour tous les savants. Bon nombre de géologues,
à la tête desquels on compte des noms qui sont
parmi les plus marquants de la science, ont
refusé jusqu'ici d'admettre qu'il existât un
homme fossile. Pour eux les dépôts des cavernes,
les alluvions avec silex taillés et ossements,
sont récents, et dans tous les cas remaniés. Si
les restes de l'homme s'y rencontrent, il n'en
est pas moins vrai que l'homme n'est venu
qu'après les grands mammifères, et si les os de
ces derniers sont cassés, taillés, ces cassures
peuvent être naturelles ou provenir des animaux carnassiers eux-mêmes. Si ces mêmes
os sont quelquefois travaillés, c'est après l'extinction de ces animaux que l'homme aura
ainsi façonné leurs restes. Mais il est des cas
embarrassants, auxquels nous croyons que ces

opposants n'ont pas encore victorieusement répondu.

Dans le diluvium non remanié de la vallée de l'Alsace, on a trouvé, à deux reprises différentes, il y a quarante-trois ans et récemment (1866), des restes humains fossiles. Il est difficile aussi de rejeter les preuves fournies par les dessins gravés à la pointe sur les os trouvés dans les cavernes, et qui représentent soit l'éléphant chevelu ou le renne, soit l'ours, le cheval ou le bœuf primitifs. Ces dessins semblent couper toute retraite aux adversaires de l'homme fossile. Il est vrai que ceux-ci objectent que nombre de ces dessins sont à peine reconnaissables, et que d'autres, par contre, témoignent de qualités artistiques au moins étonnantes pour ces temps-là. A quoi certains anthropologistes répondent que, dès l'âge du renne (on appelle ainsi l'époque de l'homme fossile), les races humaines avaient déjà reçu en don toutes leurs qualités distinctives, et que l'homme qui vivait avec le renne témoignait de dispositions artistiques particulières. D'aucuns vont même jusqu'à reconnaître au crâne de Raphaël une très-grande analogie avec celui de l'homme de l'époque du renne.

Mais si une partie du camp géologique reste encore incrédule sur l'existence de l'homme antédiluvien, ce que nul savant ne repousse plus aujourd'hui, c'est l'ancienneté de l'espèce humaine ou de l'homme antéhistorique. Cette ancienneté nous est révélée par les dépôts des coraux et des grès marins, par ceux des tourbières, par les *kiœkenmœddings* ou amas littoraux de coquilles du Danemark, par les cités lacustres alpines et les *terramares* du Modénais.

Les dépôts de coraux et de grès quaternaires, formés le long de quelques rivages, à la Guadeloupe, par exemple, pour les coraux; en Toscane, en Sardaigne, au Chili pour les grès, renferment des débris humains, même des squelettes entiers et des restes de l'industrie primitive de l'homme, tels que des armes en silex ou des vases en terre grossière.

Les tourbières, dans leurs couches successives, présentent des débris différents; elles sont comme un véritable musée où les objets se-

raient classés dans leur ordre chronologique,
depuis les dernières convulsions du globe jusqu'à l'âge historique actuel. On y voit même les
essences végétales varier avec le temps : en
Danemark, le pin y cède peu à peu la place au
chêne et celui-ci au hêtre.

Les kiœkenmœddings (mot à mot, restes
ou rebuts de cuisine), récemment étudiés avec
tant de soin sur les côtes du Danemark, sont
formés d'amas de coquillages comestibles,
huîtres, moules, etc., mêlés à des ossements
de renne, de castor, d'auroch, de chien: on
y trouve des outils en silex, en os, mais aucun instrument en bronze, aucun reste de po-
terie.

Dans les cités lacustres, découvertes depuis
1854 sur les bords des lacs de la Suisse, et
jusqu'en Savoie le long du lac du Bourget, puis
en Lombardie sur le versant italien des Alpes,
on trouve également des restes de l'industrie
primitive de l'homme : outils et armes en silex,
en os, vases de terre, étoffes grossièrement
tissées, et sur certains points des armes et
des ornements de bronze et de fer, avec des

morceaux d'étain et d'ambre, et quelquefois
des bijoux en or.

On a retiré des cités lacustres quelques crânes
humains et beaucoup d'ossements d'animaux.
Comme pour les tourbières, les dépôts se succè-
dent chronologiquement : on passe de l'enfance
de l'humanité, de la barbarie-la plus complète
à une sorte de demi-civilisation. Le bronze
(alliage de cuivre et d'étain) et l'ambre dénotent
déjà les longs voyages, les relations commer-
ciales ouvertes avec le nord de l'Europe ; car
l'étain devait venir de la Cornouaille anglaise,
et l'ambre des bords de la Baltique. Des grains
de blé et d'autres céréales, qu'on a également
trouvés dans quelques cités lacustres, indiquent
à leur tour une première culture du sol.

La race qui habitait ces lacs y avait construit
ses demeures sur des pilotis ou sur des amas
de pierre, comme font encore aujourd'hui quelques indigènes de la Nouvelle-Zélande. Ces
populations primitives des Alpes habitaient sur
les eaux, sans doute pour se mettre à l'abri des
attaques des bêtes fauves, alors très-nombreuses
dans l'Helvétie, et dont on trouve les osse-

ments au milieu des ruines des cités lacustres. L'homme antéhistorique a dû disputer sa place et sa nourriture aux animaux sauvages, aux sanguinaires félins, et la fable d'Hercule et du lion de Némée est plus voisine de la vérité qu'on ne pourrait croire. De même, pour l'homme des cavernes, la légende des Troglodytes que nous ont transmise les Grecs et les Romains, s'appuie désormais sur des faits confirmés par la géologie.

Les terramares du Modénais, entre le Pô et l'Apennin, sont frères des habitations lacustres. Sur des pilotis, au bord de marais et de lacs qui aujourd'hui ont disparu, ont campé les premières peuplades italiennes. Dans ces terramares, comme dans les habitations lacustres, on trouve des débris d'ossements humains, de quelques mammifères toujours vivants, et des restes de l'ancienne industrie de l'homme, mêlés quelquefois à des armes en bronze et même en fer. La terre qui contient tous ces débris est alcaline, mêlée de phosphate et d'azotate de chaux, et peut servir d'engrais au sol; de là le nom que les paysans modénais lui ont donnée :

terramara [1], corruption de *terramarna*, terre marneuse.

Les temps antéhistoriques, enfance de l'humanité, se divisent en deux grandes époques : celle de la pierre et celle des métaux. L'époque de la pierre se subdivise en âge de la pierre brute ou simplement ébauchée et âge de la pierre polie. L'époque des métaux comprend l'âge du bronze ou mieux du cuivre et de l'étain, et l'âge du fer, avec lequel commence l'histoire. Cet âge est même le dernier de l'humanité puisque nous le parcourons encore; mais il est passé par bien des phases avant d'arriver jusqu'à nous. L'âge d'or et l'âge d'argent des poëtes, l'âge édénique de la Bible, n'ont probablement jamais existé, mais viendront peut-être quelque jour.

L'âge de pierre est caractérisé par l'abondance d'instruments, d'outils, d'armes en silex, bruts ou polis, et qui obéissent à des formes connues. La plus répandue est la forme triangulaire

---

1. Au pluriel *terremare*. Le mot a été francisé en celui de *terramares*. On appelle aussi ces dépôts des *marières*, de l'Ialien *mariera* pour *marniera*, au pluriel *mariere*.

ou en cœur, dite hache ou celté, parce qu'elle rappelle celle des haches celtiques qu'on trouve sous les dolmens ou les tumulus datant de l'époque des Celtes. Après les haches viennent les couteaux, les grattoirs, éclats de silex à bords taillants, puis les pointes de flèches, de lances, et plus rarement les scies, les poinçons, etc. On rencontre de ces outils en silex dans toutes les formations qui datent de l'époque humaine, dans le diluvium, dans les dépôts des cavernes, dans les alluvions intactes ou remaniées. Les outils de pierre remontent même dans l'âge historique et contemporain, puisque nous les retrouvons, aujourd'hui encore, conservés par toutes les peuplades sauvages. On ne saurait donc arguer des découvertes de silex taillés pour témoigner de la haute antiquité de l'homme en tel ou tel endroit, et à ce sujet les fameux silex ébauchés ou *livres de beurre*[1] de Pressigny-

1. Ainsi appelés par les paysans de la Touraine qui les rencontrent dans leurs champs, parce qu'ils ont la forme allongée des pains de beurre du pays. Les savants les nomment des *nucleus* ou noyaux. Les longs couteaux de silex qu'on en a détachés ont laissé, sur le nucleus, des traces analogues à celles de la cuillère qu'on aurait promenée sur un pain de beurre pour en séparer des tranches.

le-Grand, à propos desquels on a fait tant de bruit en 1865, ne prouvent rien. Avec un peu plus de calme, on eût vu ces fameuses *livres de beurre* se fondre d'elles-mêmes. Des deux côtés les adversaires nous semblent avoir discuté dans le vide, et donné, comme on dit, des coups de bâton dans l'eau. Les pains de beurre de Pressigny gisent à la surface, et si l'on ne peut prétendre justement qu'ils ont servi à la fabrication de pierres à fusil, on ne peut leur assigner non plus aucune date géologique certaine. Combien plus importante est la découverte, dans le terrain diluvien, d'ossements humains fossiles, surtout de crânes bien authentiques!

Les anthropologistes, venant en aide aux géologues, ont étudié les crânes fossiles et ceux de l'homme primitif. Ils reconnaissent dans presque tous ces crânes la forme à la fois brachycéphale c'est-à-dire ronde, et prognathe ou dont l'angle facial est aigu, la mâchoire proclive, comme dans le singe et tous les mammifères en général. Le crâne de l'homme civilisé de l'Europe est plutôt dolychocéphale ou allongé, elliptique, et orthognathe, c'est-à-dire à angle facial ouvert, à denture droite.

La petitesse des mains caractérise le type brachycéphale, ce qui explique les poignées si étroites des glaives et des javelots qui datent de l'âge de bronze. Le type brachycéphale se retrouve de nos jours dans presque toutes les races qui semblent indigènes en Europe, la race basque, une partie des races helvétique, ligure, scandinave, laponne. Le type dolychocéphale se rencontre dans les races émigrées, la race celtique ou gaëlique par exemple, qui se rattache au rameau aryan.

La plupart des linguistes, des historiens, des ethnologistes, acceptent aujourd'hui comme démontrée une grande émigration des Aryans ou peuple primitif de l'Asie, qui se seraient répandus du versant nord de l'Himalaya, ou tout au moins des plateaux de l'Asie centrale, l'Ombilic du monde, comme on l'appelle, jusque dans les régions européennes. A ces aïeux asiatiques se rattachent les races indoues, persanes, sémitiques, helléniques, latines, celtiques, qui forment comme autant d'essaims détachés le long de la route. A ces aïeux asiatiques la race blanche doit ses facultés intellectuelles et morales, ses langues, ses religions. Les races jaune et noire forment comme deux autres rameaux de la grande famille humaine. Il semble difficile de faire partir ces trois branches du même tronc. Les partisans de l'unité de l'espèce admettent que, par la seule influence des milieux, la race blanche est passée à la noire en Afrique et à la jaune en Mongolie; mais quel temps n'a-t-il point fallu pour cela! Quelle immense série de siècles ont dû exiger ces transformations, quand depuis les temps historiques, c'est-à-dire depuis au moins six à huit mille ans en Égypte, en Assyrie, et dix mille ans en Chine et dans l'Inde, les peintures, les bas-reliefs des monuments, nous montrent les races chinoise, indoue, juive, assyrienne, égyptienne, éthiopique, avec les mêmes caractères tranchés, le même type qu'elles ont aujourd'hui! Si les partisans de l'unité de l'espèce humaine sont conséquents, ils doivent donc admettre l'existence de l'homme fossile, qui ferait remonter peut-être à cent mille ans la nais-

sance de notre premier père. Cette longue durée
seule a pu permettre les modifications si diverses
qui affectent la race, suivant les contrées où on
l'étudie.

Cent mille ans, avons-nous dit. Et qu'a fait
l'homme pendant ces mille siècles? Ce qu'a fait
l'homme? Il a purgé la terre d'une partie des
bêtes fauves qui l'occupaient; il a rendu peu à
p euhabitable son immense domaine. Il a créé
les arts, et avant tous l'architecture, en bâtis-
sant sa première demeure; il a créé l'industrie,
en taillant le silex, les os, puis en fouillant
les minerais, retirant de ceux-ci les métaux et
alliant ces métaux entre eux. Alors sont nés
l'agriculture, le tissage, la navigation, puis la
sculpture, la peinture, la gravure, et avec elle
l'écriture qui peint et sculpte la parole. Qui sait
même si l'homme n'a pas inventé le langage?
Ce serait là la plus grande de ses découvertes,
et l'on ne pourrait se plaindre du temps qu'il
aurait mis à la faire. Avec les métaux a été
trouvée la base des valeurs, la monnaie, et désormais l'échange a été remplacé par le commerce, qu'est venu favoriser la marine. Nous

touchons ici aux confins de l'histoire ; l'homme e
primitif, l'homme antéhistorique s'efface devant i
l'homme civilisé. Celui-ci a même quelquefois i
une histoire muette, et les peuples qui ont
élevé les dolmens, les menhirs, ceux qui ont
semé les plaines du Mississipi, le Yucatan, les
îles de la Sonde, le royaume de Siam, de monuments étranges, grandioses, et révélant parfois les plus hautes inspirations artistiques, ne
nous ont point transmis leurs légendes. Il a
donc pu y avoir une ère brillante de civilisation avant celles que nous connaissons. D'autre
part, l'état stationnaire de quelques peuplades
restées sauvages, toujours fixées dans l'âge de
pierre ou les premiers tâtonnements de l'âge de
bronze ou de fer, nous démontre que les temps
de primitive barbarie peuvent éternellement
durer. Il n'y a donc pas lieu de s'étonner que
l'espèce humaine puisse avoir cent mille ans
d'existence. Peut-être faudrait-il plutôt s'étonner du contraire, devant le peu de progrès in-
tellectuel ou moral que nous avons fait depuis
l'âge historique. Les éternels problèmes de
l'âme, de la vie, n'ont pas fait un pas depuis

que l'homme bégaye. La science moderne est
incapable de les résoudre ; tout au plus a-t-elle
découvert, après des siècles de ténèbres com-
plètes, quelques-unes des magnifiques lois qui
régissent le grand tout.

VI.

LA TERRE ACTUELLE.

Le feu central. — Les continents. — Les montagnes et les vallées. — Les eaux extérieures et souterraines. — Les glaciers.
— Les climats et les saisons. — Les courants de la mer et
de l'atmosphère. — La vie animale et végétale.

Nous avons assisté à la formation de la terre,
et à l'apparition successive des êtres. Étudions
maintenant la planète telle qu'elle est, telle que
l'ont faite les divers phénomènes géologiques
qu'elle a successivement traversés.

Une masse gazeuze, l'atmosphère, enveloppe
le globe ; elle n'a pas une grande épaisseur,
quelques-uns disent à peine quinze lieues.
Au-dessous de l'atmosphère viennent les eaux
et l'écorce solide, qui est portée comme un
radeau sur une mer de feu intérieure. Cette
écorce est si mince, que si l'on suppose la terre

réduite aux dimensions d'une pomme, la peau du fruit représentera la partie solide de la terre ; la chair, la mer de feu.

L'existence de cette mer n'est point une hypothèse. La forme du globe terrestre, sphéroïde aplati vers les pôles, renflé vers l'équateur, témoigne de l'état fluide primitif de la planète. Le calcul et l'expérience démontrent en effet que cette forme est celle que prendrait une sphère liquide tournant autour de son axe.

L'accroissement de température qu'on observe sur le thermomètre, à mesure qu'on descend sous terre, est une preuve que le feu central est toujours allumé. Cet accroissement de température est moyennement de trois degrés par cent mètres, comme l'ont démontré tous les essais entrepris dans les sondages artésiens et les puits de mine les plus profonds. A trois mille mètres sous le sol, moins d'une lieue, on a donc la température de l'eau bouillante, cent degrés ; à quelques lieues, tous les métaux, tous les corps sont en fusion.

Il n'est pas besoin d'aller chercher ailleurs d'autres preuves de la mer de feu. L'existence de cet océan igné explique tous les phénomènes géologiques plutoniens qui ont marqué le passé de la planète, et rend compte de tous ceux d'aujourd'hui; mais le radeau qui nous porte est solide, répare facilement ses avaries, et ne sombrera pas de sitôt.

Parmi les phénomènes actuels dus au feu central, il faut citer les sources thermales et les soffioni ou vapeurs boracifères, les geysers ou vapeurs siliceuses, qui se dégagent avec fracas par les fissures du sol en quelques contrées; puis les éruptions volcaniques, les tremblements de terre, enfin les mouvements lents, les pulsations du globe.

Les volcans sont comme les soupapes de sûreté qui donnent issue à un excès de pression de la chaudière. Ici la figure est d'autant plus vraie, que des infiltrations des eaux marines ou continentales amènent toujours les éruptions volcaniques, en passant subitement à l'état de vapeurs au contact de la mer ignée.

Les tremblements de terre sont provoqués par la même cause. Quelques savants admettent qu'ils sont dus à des marées de la mer de feu qui réagissent contre l'écorce solide, ou bien à la contraction qu'éprouve la surface de cette mer en se refroidissant. Alors le radeau se rapproche de la mer de feu, non sans de violentes trépidations, accompagnées de craquements et d'énormes fissures.

Les mouvements lents, ce que nous avons nommé les pulsations du sol, sont des tremblements de terre insensibles. Sur quelques points, comme en Suède, on constate, depuis un siècle et demi, un exhaussement progressif des côtes; le même phénomène existe au Chili. Sur d'autres points, comme sur les bords du golfe de Naples à Pouzzoles, il y a eu, depuis le commencement de l'ère chrétienne, affaissement, puis exhaussement du rivage, comme le témoignent les monuments anciens qui sont restés debout. A une certaine époque, les colonnes du temple du Sérapis ont été enfouies sous les eaux jusqu'à six mètres, moitié de leur hauteur, rongées sur une partie de leur pourtour par des coquilles lithophages, puis ont de nouveau émergé. Or le niveau de la mer ne varie pas, les lois de la mécanique le prouvent; il faut donc admettre de toute nécessité que c'est le niveau du sol qui a changé. L'existence de la mer de feu rend compte de ces oscillations lentes, de ce mouvement respiratoire de la terre. Pour cela il suffit d'admettre que, par l'effet du refroidissement, la partie ignée se contracte peu à peu, le sol s'affaisse sur un point, tandis qu'il se relève sur un autre comme par un mouvement de bascule.

Nous ne devons pas oublier que plusieurs savants nient aujourd'hui la liquidité intérieure du globe, se fondant sur ce qu'il est impossible d'expliquer certaines lois de l'astronomie, comme par exemple celle de la précession des équinoxes ou de l'oscillation régulière de l'axe terrestre autour de la perpendiculaire à l'écliptique, autrement que par une sphère massive et compacte. Selon eux les tremblements de terre, les éruptions volcaniques, sont dus à des phénomènes purement chimiques et locaux, à des courants électro-magnétiques, à des lacs souterrains de matières ignées. Ils oublient que M. Perrey explique très-bien tous les tremblements de terre par des marées de la mer de feu,

et démontre que ces trépidations suivent à peu
près les mêmes lois que les marées de l'Océan,
occasionnées par les attractions combinées de la
une et du soleil sur la terre. En tout ceci il
faut tenir compte des errements de l'esprit humain, qui procède toujours par action et par
réaction dans les sciences spéculatives, et la
géologie est encore au nombre de ces dernières,
au moins pour l'explication des phénomènes. Il
semble être de mode aujourd'hui d'attaquer
l'hypothèse du feu central et la théorie cosmogonique de Laplace. Ces deux hypothèses sont
cependant le meilleur fondement de la géologie;
elles étaient admises sans conteste depuis un
demi-siècle, et ceux qui proposent leur renversement ne sont ni des Arago ni des Laplace. On
parle quelquefois de substituer à la théorie du
feu central l'hypothèse de Davy, qui regardait
la croûte solide du globe comme les cendres, la
scorie de métaux alcalins, sans cesse en ignition
au-dessous de l'écorce terrestre ; au delà de ce
lac de feu, serait venue la sphère solide. Mais
Davy, inventeur des métaux alcalins, devait
avoir pour eux un faible naturel, et sans vou-

loir pousser plus loin la discussion, nous croyons
que son hypothèse ne vaut peut-être pas les
précédentes.

L'écorce solide du globe, ce radeau mouvant
porté par la mer de feu, est entourée d'une
masse d'eau salée, qui y est contenue comme
dans un bassin. Les bords, les parties saillantes
du bassin, qui se montrent çà et là au-dessus de
l'eau, forment ce qu'on appelle en géographie
les continents et les îles. Une île est une terre
environnée d'eau, et les continents ne sont
eux-mêmes que de grandes îles. A ce point
de vue on peut dire que l'on remarque tout
d'abord sur le globe trois îles principales : l'ancien continent ou l'Europe, l'Asie et l'Afrique ;
le nouveau continent ou les deux Amériques ;
enfin le continent Australien, beaucoup moins
étendu que les deux premiers. L'Europe et l'Asie
sont soudées, adossées l'une à l'autre par la
chaîne de l'Oural ; mais l'Afrique ne tient à
l'Asie que par une langue étroite de terre,
l'isthme de Suez. Les deux Amériques sont également unies par l'isthme de Panama. Ces deux
isthmes jalonnent les deux plus grandes routes

du monde, et sont de véritables bornes miliaires jetées entre les océans. Les hommes tentent aujourd'hui de renverser ces bornes qui leur semblent interposées comme un obstacle sur le passage des voyageurs. Le percement se fera-t-il, et la route de terre ou de fer sera-t-elle un jour économiquement remplacée sur ces points par la route d'eau? C'est ce que dira l'avenir.

Autour des continents, comme des satellites, flottent les îles, grandes et petites, qui sont autant de mondes distincts.

Parmi ces îles, il en est qui offrent aux géologues le sujet des plus intéressantes études. Celles de l'Océanie, que bâtissent lentement les coraux le long de volcans sous-marins, semblent destinées à être le noyau d'un futur continent. Un soulèvement, une éruption volcanique générale, élèvera un jour au-dessus des eaux les chaînons qui unissent ces îles entre elles, pendant qu'une partie correspondante du globe disparaîtra peut-être sous l'Océan; telle dut s'engloutir autrefois l'Atlantide des Égyptiens et de Platon.

Quand on étudie le relief des îles et des continents, on y remarque des proéminences et des dépressions, des montagnes et des vallées. Les montagnes obéissent dans leur direction à des lois mathématiques; elles ne sont pas disséminées au hasard à la surface de la terre. C'est à M. Elie de Beaumont que l'on doit cette grande découverte, une des plus belles qu'ait faites la science de ce temps. La direction des chaînes de montagnes règle celle des vallées correspondantes. Elle fixe même les principaux accidents géologiques d'une contrée : l'alignement des sources thermales, des filons métallifères et d'autres gîtes de minéraux utiles, les ruptures souterraines du sol; elle va jusqu'à déterminer les contours généraux des côtes, comme on peut s'en assurer sur les cartes.

Des montagnes dépendent avant tout les vallées, qui, considérées par rapport au régime des eaux qui les parcourent, forment ce qu'on appelle les bassins hydrographiques. Les bassins sont séparés entre eux par les lignes de faîte, qui passent par les points culminants des chaînes de montagnes. Toutes les eaux qui tombent dans un bassin se rendent dans la vallée principale, d'où elles gagnent la mer. L'évaporation les y reprend; elles montent dans l'air en vapeurs souvent invisibles, s'y condensent en nuages épais que transporte le vent, et qui au moindre refroidissement, finissent par se résoudre en pluie. L'eau retombe sur le flanc des montagnes, comme sur les pentes d'un toit; elle gagne en partie les vallées latérales, comme l'eau du toit les gouttières, et se rend de nouveau à la mer par la vallée principale, en fertilisant, en fécondant les campagnes environnantes, et en abandonnant à l'air l'humidité indispensable à la vie.

Une autre partie des eaux, courant souterrainement sous le sol, réapparaît en sources, en fontaines naturelles, continues ou intermittentes, et fournit à l'homme sa plus saine boisson. Quelquefois, se chargeant en chemin de substances chimiques, elle donne naissance aux sources minérales, et celles-ci sont dites thermales quand elles viennent d'un point assez profond pour être chaudes. Ces sources sont gazeuses, alcalines, ferrugineuses, sulfureuses, indurées, suivant qu'elles se sont incorporé dans

leur parcours des gaz, des sels alcalins ou ferrugineux, du soufre, de l'iode.

En somme la terre pompe l'eau comme une
éponge, et l'eau parcourt toutes les fissures,
toutes les cavités souterraines, comme le sang
nos veines et nos artères; mais la terre restitue
ce qu'elle a pris, et l'on peut dire que si toute
l'eau des continents vient de la mer par l'évaporation, elle y retourne par les pluies. Il y a
mieux : la chaleur du soleil élève dans l'air la
molécule liquide qui, retombant sur le sol,
transforme en force motrice une partie du calorique qui avait servi à l'élever. Admirable phénomène, harmonique évolution, où rien ne se
perd si rien ne se crée, et où il semble que tout
a été prévu d'avance. Qui donc dira l'œuvre de
la nature; qui nous fera l'histoire d'une goutte
d'eau?

L'eau des pluies, en tombant sur les plus hautes
montagnes, où la température est toujours au-
dessous de la glace fondante, y reste à l'état de
neige. Une partie de cette neige fond pendant
l'été; l'autre partie, la plus élevée, ne fond
jamais, et donne les neiges éternelles, dont

la limite inférieure de hauteur est variable suivant les latitudes ou les climats. Ces neiges perpétuelles forment les glaciers qui, dans un mouvement très-lent, produit sans doute par leur poids et la déclivité du sol, s'avancent vers les vallées. Ils charrient au milieu d'eux, devant eux et latéralement, de gros blocs de rocher que le frottement raie et polit, et qu'ils abandonnent sur place, si par une cause quelconque ils viennent à fondre. De là ce qu'on nomme dans les Alpes les *moraines* frontales et latérales, de là les blocs *erratiques*. Ces phénomènes glaciaires actuels ont la plus grande analogie avec ceux de l'époque du diluvium, qui ont laissé tant de traces de leur passage.

La présence des neiges éternelles sur les hautes montagnes est due à l'abaissement de la température qui règne à ces grandes hauteurs. Le thermomètre, qui monte à mesure qu'on s'enfonce sous le sol, baisse au contraire à mesure qu'on s'élève dans l'air. De tous les essais que l'on a faits dans les ascensions de montagnes ou dans les voyages en ballon, il résulte que la loi de cette diminution est à peu près d'un degré du thermomètre pour une élévation verticale de deux cents mètres. Il s'en suit que sous l'équateur, où la moyenne de la température annuelle est de vingt-cinq à trente degrés, il faudra monter à cinq ou six mille mètres pour rencontrer les glaces éternelles; à quatre mille mètres, sous les climats tropicaux; à deux ou trois mille, sous les climats tempérés; à mille ou quinze cents, sous les climats froids. Enfin, dans les régions polaires, les glaciers commenceront au niveau du sol.

Le froid qui règne sur les hauteurs explique comment, dans le même pays, à mesure qu'on s'élève sur les montagnes, on voit la végétation changer. En France, le mont Ventoux, haut de deux mille mètres, présente à la cime non plus la végétation des pays tempérés, qu'on avait laissée à la base, mais la végétation des pays froids. Au sommet du Ventoux, on retrouve les plantes de la Suède et de la Laponie.

La présence des neiges éternelles dans les régions qui entourent les pôles, est due au froid de ces contrées, qui reçoivent les rayons solaires sous une trop grande obliquité pour que la température s'y élève au-dessus de la glace fondante. De cette diminution de plus en plus grande d'obliquité, à mesure qu'on s'éloigne des pôles, proviennent les climats.

L'abaissement de température sur les hautes montagnes obéit à une autre cause. Les rayons solaires traversent l'air sans l'échauffer, car tous les gaz sont mauvais conducteurs du calorique. La chaleur de l'atmosphère, au voisinage du sol, ne résulte que de la réflexion et même de l'imbibition des rayons solaires par la partie superficielle de l'écorce terrestre. De là vient que plus on s'élève dans l'air, et plus on a froid, bien qu'on se rapproche du soleil.

Quant aux saisons, elles proviennent elles-mêmes du plus ou moins d'inclinaison de l'angle sous lequel les rayons solaires viennent toucher le sol à un moment donné de l'année. On sait que la terre décrit en un an une courbe elliptique autour du soleil, et que le plan de l'équateur terrestre fait avec le plan de l'équateur solaire un angle d'un peu plus de vingt-trois degrés. C'est ce qu'on nomme l'obliquité de l'écliptique, ou de l'orbite que décrit la terre autour du soleil. Les saisons changent suivant que la planète occupe telle ou telle position sur l'écliptique, et que les rayons solaires tombent plus ou moins perpendiculairement sur elle, et non suivant que la terre est plus ou moins rapprochée du soleil. C'est au contraire quand elle en est le plus éloignée, au solstice d'été, le 22 juin, que commencent pour notre hémisphère les plus grandes chaleurs.

Si l'équateur terrestre et l'équateur solaire étaient dans le même plan, il n'y aurait partout qu'une même saison et qu'un même climat. L'un et l'autre ne sont produits que par le plus ou moins d'inclinaison des rayons solaires tombant sur le globe en un point donné, et en vertu de cette loi physique, que plus un corps réfléchit de la chaleur, et moins il en absorbe.

Revenons aux enveloppes du globe, et après avoir examiné les eaux continentales, étudions les eaux marines. Ces eaux, très-probablement salées de tout temps, composent les océans. La surface des océans forme environ les trois quarts de la superficie terrestre, si bien que, si l'on coupe le globe en deux hémisphères suivant un

certain méridien, on n'aura que des eaux dans
un des hémisphères, et les continents entourés
d'eaux dans l'autre.

Les océans, comme les continents, comprennent plusieurs subdivisions. Il y a l'océan Atlantique, qui sépare, comme un vaste fleuve, le
vieux monde du nouveau ; l'océan Pacifique, qui
s'étend entre le nouveau monde et l'Asie, entoure les archipels océaniens, baigne le rivage
oriental de l'Australie et les grandes îles de la
Sonde. L'océan Indien se déroule entre le sud
de l'Asie, la côte orientale d'Afrique et la côte
occidentale australienne. Enfin au pôle nord est
l'océan boréal, au pôle sud l'océan austral ; ce
sont là les mers glaciales. Une éternelle calotte
de glace recouvre les deux pôles du monde.
Pendant l'été, il se détache de ces énormes
masses congelées des radeaux flottants. Voitu-
rés par les courants de la mer, ils viennent
échouer vers Terre-Neuve pour l'hémisphère
nord, vers le cap de Bonne-Espérance pour
l'hémisphère sud.

Les océans se subdivisent en mers. La plus
célèbre de celles-ci est la Méditerranée, fille de

l'océan Atlantique, et qui vit fleurir sur ses bords les civilisations chantées par Homère et Virgile.

L'étude des phénomènes qui se sont passés jadis sur la terre, nous a enseigné que les océans n'ont pas toujours été renfermés dans leurs limites actuelles. Ce qui est terre aujourd'hui a été autrefois sous les eaux, et il en reste des preuves non moins palpables que toutes celles que nous avons données. Ainsi à l'intérieur des continents il existe des lacs salés, qui sont pour la plupart des restes d'anciennes mers : tels sont la mer Caspienne, la mer Morte, le lac d'Aral, le grand lac Salé de l'Utah.

Les océans obéissent à des mouvements superficiels réguliers, qui ont lieu deux fois par jour, le long des côtes, et qu'on nomme les marées. Les marées sont dues, on le sait, aux attractions combinées de la lune et du soleil sur la terre. En outre les océans présentent des mouvements intérieurs, ce qu'on appelle des courants. Le plus célèbre de ces courants est celui qui part du golfe du Mexique, et que les Anglais ont nommé pour cette raison le *gulf-stream* ou courant du golfe.

Les eaux chaudes de cette espèce de vaste fleuve sous-marin traversent l'Atlantique en écharpe, et caressant les côtes de l'Irlande, de l'Angle-terre, de l'Écosse et de la Norwége, élèvent la température de tous ces pays. Comme on le devine, le gulf-stream facilite singulièrement la navigation entre l'Amérique du Nord et l'Europe; c'est un fleuve dont les vaisseaux suivent alors le cours. Un contre-courant qui descend du pôle vers le banc de Terre-Neuve et New-York, comble en quelque sorte le vide qu'a fait la marche du gulf-stream. Il refroidit la température des contrées le long desquelles il s'avance. New-York, à la latitude de Naples, a des hivers qui rappellent ceux de Pétersbourg.

Un autre courant polaire qui règne le long de la côte du Pacifique, de l'autre côté de l'Amérique du Nord, et qui entre même dans la baie de San-Francisco de Californie, y produit le même phénomène. San-Francisco, qui est à la latitude de Lisbonne, n'a pas à proprement parler d'été, tandis qu'à cinquante lieues dans les terres, au pied de la Sierra-Nevada, dans la région des placers, la température est celle

de la Syrie et du Sénégal. En été, le thermomètre y monte à cinquante degrés centigrades à
l'ombre, si bien que les mauvais plaisants pré-
tendent que le nom de Californie vient des deux
mots latins *calida fornax* ou bouillante four-
naise, par lesquels Cortez aurait désigné, en le
découvrant, le pays de l'Eldorado.

La terre n'est pas seulement environnée
d'eau ; elle a aussi son enveloppe gazeuse, l'atmosphère. Celle-ci est composée de gaz oxygène et d'azote, dans les proportions d'à peu
près un cinquième d'oxygène et quatre cin-
quièmes d'azote sur le volume total. En poids,
c'est à peu près un quart d'oxygène et trois
quarts d'azote. Il existe également dans l'air
de la vapeur d'eau en quantité variable, et environ un demi-millième d'acide carbonique.

L'air, ou plutôt l'oxygène qu'il renferme (car
l'azote n'est qu'un gaz inerte), a une fonction
qui ne saurait nous échapper. Il est indispensable à la respiration des animaux et des plantes
et à la combustion. La respiration n'est en quelque sorte qu'une combustion, une oxydation du
sang. Chez les animaux supérieurs, l'oxygène

de l'air s'unit dans les poumons au carbone et à l'hydrogène du sang ; il se produit de l'acide carbonique et de la vapeur d'eau que les poumons rejettent. Ce phénomène chimique est accompagné d'un certain dégagement de chaleur; de là la chaleur animale.

La vapeur d'eau et l'acide carbonique résultant de la respiration des animaux, de la combustion, ou naturellement répandus dans l'air, servent à leur tour à la respiration des végétaux. Les feuilles des plantes décomposent la vapeur d'eau et l'acide carbonique, fixent en elles l'hydrogène et le carbone, et restituent l'oxygène à l'air. C'est par cette double et remarquable évolution que l'air semble conserver toujours à peu près les mêmes principes en même quantité.

L'atmosphère ne joue pas seulement un rôle indispensable dans la conservation de la vie à la surface de la planète; elle est sillonnée par des courants qui mêlent tous les éléments qui la composent, et charrient les semences végétales jusqu'aux distances les plus lointaines. Ces courants aident aussi à la navigation, et ce sera la

gloire du savant américain M. Maury d'avoir révélé aux marins les lois et toutes les fonctions
de ces fleuves aériens, en même temps que
des courants de la mer. Les courants de l'atmosphère sont ce qu'on nomme vulgairement les
vents. Ils doivent leur unique cause à un échauf-
fement inégal de l'air, qui fait que les parties
chaudes s'élèvent, et que les parties froides
affluent vers la place abandonnée par l'air chaud.
C'est ainsi que, dans un appartement, l'air chaud
monte par les cheminées, tandis que l'air froid
s'introduit par le bas des portes, comme il est
facile de s'en assurer.

L'équilibre de l'atmosphère est donc troublé
à chaque instant. Quand les causes de ce trouble
sont normales, prévues, les vents sont constants
ou réguliers. Parmi les vents constants, les
plus remarquables sont les vents alizés, qui dans
notre hémisphère soufflent du nord-est, et dans
l'hémisphère sud, du sud-est. Ils facilitent étonnamment la navigation de l'Atlantique ; ce sont
eux qui ont poussé Colomb vers le nouveau
monde.

L'origine et la direction des vents alizés s'expliquent. Ces vents viennent des pôles ou plutôt des régions septentrionales pour remplacer l'air chaud et raréfié de l'équateur qui gagne à son tour ces contrées. Si le mouvement de rotation de la terre était le même sur tous les parallèles, les alizés souffleraient directement du nord au sud dans l'hémisphère boréal, du sud au nord dans l'hémisphère austral ; mais les divers points de la surface de la terre et de l'atmosphère qui tourne avec elle, sont animés d'une vitesse de moins en moins grande, à mesure qu'on va de l'équateur aux pôles. Le point d'où sont partis les vents alizés, et par suite ces vents eux-mêmes ont donc une moindre vitesse que le point vers lequel ils marchent. Et voilà pourquoi ces vents en quelque sorte retardataires, qui cherchent à regagner la vitesse qui leur manque sur celle de l'équateur, soufflent chacun dans une direction venant de l'est, dans un sens opposé à celui du mouvement de la terre qui a lieu, comme on sait, d'occident en orient. Par contre, les courants opposés supérieurs, partis de l'équateur, soufflent dans une direction ouest.

Si les alizés sont les plus remarquables des
vents constants, les cyclones ou les ouragans
sont les plus curieux des vents irréguliers. Ces
vents, particuliers aux contrées tropicales, ont
un mouvement de rotation parabolique. Ils marchent dans le sens des aiguilles d'une montre
pour l'hémisphère sud et en sens inverse pour
l'hémisphère nord. Aujourd'hui les marins ont
des règles certaines pour échapper aux ouragans, pour les prévoir, et l'honneur en revient
surtout à M. Piddington qui a découvert la loi
des tempêtes, comme M. Maury les lois des courants de l'atmosphère et de la mer.

Tels sont les phénomènes physiques principaux que nous offrent la terre, et l'eau et l'air
qui l'enveloppent. Que si nous jetons les yeux
autour de nous, pour constater les phénomènes
de la vie, quelle admirable variété se présente
suivant les climats et les saisons! Sous les tropiques, la nature est ornée des plus riches et
étincelantes couleurs; elle est partout et toujours féconde. Partout l'eau, la lumière, la chaleur, tout ce que la terre demande pour produire. Là, le règne animal se présente paré

comme la flore. Les plus belles coquilles, les
plus brillants oiseaux ne se rencontrent que
sous les tropiques ; mais ces contrées sont également la patrie des sanguinaires félins et des
ophidiens venimeux.

Le règne minéral fait concurrence en ces pays
à la faune et à la flore. L'or, les perles, le
diamant, toutes les gemmes et les métaux précieux, y ont été répandus à profusion. On dirait
que c'est à dessein qu'un attrait irrésistible a
été ainsi offert par la nature à l'homme civilisé, qui sans cela n'aurait pas émigré vers ces
lointains parages, pour en tenter la colonisa-
tion.

Dans les climats tempérés, d'autres productions, d'autres merveilles sont réservées à
l'homme : ce sont là les pays des animaux do-
mestiques par excellence, les pays du vin et du
blé ; du charbon de terre, de la grande industrie, des longues voies ferrées. Il n'est pas
jusqu'aux climats polaires qui n'aient aussi leur
monde spécial : c'est là que se sont réfugiées
les baleines ; mais ces climats sont déshérités de
la chaleur, et de la lumière pendant de longs

mois. La terre y est couverte de glace, la civilisation ne s'y fixera jamais. Au temps des anciennes périodes géologiques, la vie n'y fut pas
toujours aussi sommeillante. Des fougères arborescentes, des plantes tropicales, y poussaient
en épais taillis, et ont produit, par leur décomposition, des couches de houille que les marins
étonnés ont un jour découvertes. Des reptiles,
des sauriens des pays chauds ont également
vécu dans ces parages, aux temps antédiluviens, et y ont laissé leurs débris.

Tandis que nous constatons, dans les anciennes formations géologiques, des climats si
dissemblables de ceux qui existent actuellement, ceux-ci semblent avoir bien peu varié
depuis l'époque historique. L'homme est incapable de mesurer, autrement que par les spéculations de l'esprit, la durée du plus petit
phénomène géologique, et la terre actuelle lui
apparaît comme si elle avait toujours été telle
qu'il la voit maintenant. C'est que le temps qui
nous écrase n'existe pas pour la nature, et que
l'immense durée des âges est moins pour elle
qu'une seconde.

VII.

L'AVENIR DE LA PLANÈTE.

Systèmes cosmogoniques. — Hypothèse de Laplace. — Théories de Buffon, de Descartes. — Age du globe. — Sa jeunesse. — Son âge mûr. — Sa vieillesse. — La fin du monde.

> La terre est un enfant du soleil, et
> la lune un enfant de la terre.

Diverses hypothèses ont été émises par les savants pour expliquer l'origine du monde solaire et de notre terre en particulier. Nous avons adopté, dès le commencement de ce livre, l'hypothèse proposée par Laplace, qui rend le mieux compte de tous les faits, et sur laquelle il est maintenant indispensable de revenir avec quelques détails.

D'après ce grand astronome, les sphères proviennent de nébuleuses, c'est-à-dire de masses gazeuses ignées, de nuées cosmiques dispersées dans l'espace infini, et dont la voie lactée nous offre un exemple familier à tous. Ces masses se condensent peu à peu autour d'un centre commun, dans un mouvement d'attraction dont toutes leurs molécules sont animées. Ces molécules ont sans doute elles-mêmes la forme sphérique.

La sphère primitive ainsi engendrée reste d'abord gazeuse ; elle est animée d'un mouvement de rotation qui a lieu autour de son axe, et qui lui donne une forme aplatie aux pôles, renflée vers la partie centrale ou équateur. De cet équateur des anneaux se détachent peu à peu par l'effet du refroidissement et de la force centrifuge, comme on le voit encore aujourd'hui dans les anneaux de Saturne, puis un anneau se rompt et forme une planète. Animée d'un côté par l'impulsion qu'elle reçoit et la vitesse qu'avaient déjà ses molécules ; attirée de l'autre par l'action qu'exerce sur elle la masse dont elle est sortie, la planète tourne sur elle-même et autour de son point de départ, vers lequel elle converge sans cesse en décrivant cette courbe presque circulaire qu'on appelle une ellipse, et dont la nébuleuse primitive occupe l'un des foyers. A son tour la planète peut devenir le siége des mêmes phénomènes. Tous les mondes ont été ainsi formés, procédant les uns des autres, et tournant autour d'eux-mêmes et autour de leur point d'origine.

Bornée à notre système planétaire, dont le soleil occupe le centre, la grandiose conception de Laplace explique tous les faits constatés par l'astronomie. Elle rend compte du mouvement des planètes qui tournent toutes autour du soleil et autour d'elles-mêmes dans le même sens et dans des plans qui se rapprochent sensiblement du plan de l'équateur solaire ; elle explique comment toutes les orbites que les planètes décrivent autour du soleil se rapprochent d'un cercle dont le soleil occuperait le centre, et comment les satellites des planètes exécutent autour de celles-ci les mêmes mouvements que les planètes autour du soleil. Enfin les anneaux de Saturne perdent devant cette conception une partie de leur mystérieuse apparence. La théorie de Laplace explique également très-bien la formation et le mouvement de translation des comètes.

Une hypothèse qui rend compte de tant de faits doit toucher de bien près à la vérité. Un physicien belge, M. Plateau, célèbre par tant d'ingénieuses expériences, s'est plu à rendre palpable la conception de Laplace, et à faire passer l'hypothèse à l'état de phénomène dé-montré. Dans un verre qui renferme un mélange d'eau et d'alcool ayant exactement la densité de l'huile, M. Plateau fait descendre, au moyen d'un tube de cristal, une goutte d'huile, qui prend immédiatement la forme d'une boule. Dans ce milieu où elle plonge, la goutte est soustraite à l'action de la pesanteur, et la forme qu'elle prend naturellement nous prouve que la figure sphérique est celle de tout corps sur lequel n'agissent plus que les actions moléculaires.

La goutte d'huile reste immobile. Si on lui imprime, au moyen d'un axe vertical qu'on fait passer par son centre, un mouvement de rotation sur elle-même, peu à peu on voit la boule s'aplatir, puis un disque lenticulaire s'échapper

de son milieu, comme un des anneaux de Saturne se détache de cette planète ; enfin, si l'expérience est bien conduite, l'anneau se rompt
en plusieurs parties, qui commencent à tourner autour de la boule primitive et tournent
aussi sur elles-mêmes. On a ainsi, avec une
goutte d'huile, façonné un monde dans un verre
d'eau, et donné à l'hypothèse de Laplace la plus
haute consécration pratique qu'elle eût jamais
pu recevoir.

Cette hypothèse doit donc rester, jusqu'à
meilleures preuves, celle des astronomes et des
géologues pour expliquer le système du monde.
C'est avec dessein qu'à propos de l'origine de
la terre, nous sommes partis sans ambages de
cette théorie, la regardant comme démontrée.
Nous l'avons déjà dit, ceux qui combattent aujourd'hui l'idée de Laplace, n'ont rien de mieux
à nous proposer.

Encore plus faut-il condamner à l'oubli toutes
les hypothèses des anciens philosophes naturalistes, y compris celle de Buffon, qui faisait
provenir la terre et toutes les planètes du choc
d'une comète sur le soleil. Il y avait 74,047 ans,

disait Buffon, que la chose était arrivée, et la comète avait détaché la 650e partie du soleil. Cette masse, lancée dans l'espace, s'était divisée, et avait formé toutes les planètes, qui par le mouvement de rotation avaient acquis une figure sphérique.

Toutes les sphères étaient à l'origine incandescentes, et ne s'étaient refroidies que peu à peu. Sur la terre, le refroidissement avait duré **33,911** ans, puis étaient nés les animaux et les végétaux, qui, apparaissant d'abord aux pôles, étaient insensiblement descendus vers l'équateur.

Buffon n'était pas plus heureux pour expliquer tous les grands phénomènes physiques du globe, comme la formation des chaînes de montagnes qu'il attribuait aux ravinements des eaux. La Sorbonne avait attaqué sa *Théorie de la terre*, y relevant nombre de propositions qu'il eût fallu toutefois qualifier seulement d'erronées, et non pas d'hérétiques. Buffon d'ailleurs s'était empressé de faire amende honorable, et de modifier plus tard ses idées dans les *Époques de la nature*, neptuniste dans le premier ouvrage, et vulcaniste dans le second.

Ce qui reste vrai dans la théorie précédente, ce que proclame celle de Laplace, et ce qui est conforme à tous les faits observés, c'est que la terre a d'abord été un soleil, qui plus tard s'est encroûté, comme l'a dit le premier Descartes. La géologie peut au besoin se contenter d'ériger cette définition en principe, sans essayer de remonter au delà. Pour faire l'histoire de la terre, il suffit de consulter les archives du globe, et de passer des unes aux autres jusqu'à une période antérieure à tout monument. Ce n'est qu'après cette période, que l'on pourrait nommer cosmogonique, que commencent véritablement les âges géologiques. Mais cette période ténébreuse est précisément celle sur laquelle s'est exercé de préférence l'esprit d'investigation des plus grands génies, des Laplace, des Buffon, des Leibnitz et des Descartes. De tout temps les théories cosmogoniques, c'est-à-dire celles qui se rapportent à la naissance du monde, ont préoccupé l'humanité et les grands penseurs chargés de l'éclairer et de l'instruire. Nous venons de voir ce qu'il fallait enfin certifier des origines de notre terre, et ce premier point était indispensable à fixer, pour tirer de là, s'il était possible, les âges géologiques ayant été passés en revue, la connaissance de ce que nous réserve l'avenir.

Revenons à la prophétique expression de Descartes, que la terre n'est qu'un soleil encroûté. Nous avons vu l'écorce de ce soleil se former, s'augmenter peu à peu, et ce travail se faire d'une manière lente, mais continue, dans la série des âges. Il est facile maintenant de calculer, non pas en années, mais **en milliers d'années**, on pourrait dire en millénaires géologiques, le temps que la formation terrestre **a** jusqu'ici exigé, la période cosmogonique écartée. Ce temps, qu'on dit volontiers infini, est limité, accessible à nos mesures, et le monde n'est pas aussi vieux que l'on serait porté à le croire. Quelques centaines de millions d'années pourraient même au besoin remplir toute la période cosmogonique.

Les formations géologiques étant comme le calendrier des âges, et les terrains, les bornes milliaires jetées sur la route éternelle du temps, c'est par la puissance totale des formations, c'est

par l'épaisseur réunie des assises qui composent
les divers terrains, que l'on peut déterminer
l'âge actuel de la planète. Les minutes de ce
chronomètre sont des siècles. Un savant américain, M. Dana, a calculé que la période quaternaire étant prise pour terme de comparai-
son, les phénomènes de la période tertiaire
avaient demandé environ deux fois plus de
temps, ceux de la période secondaire quatre
fois plus, et qu'enfin à ceux de la période primaire correspondait une durée quatorze fois
plus grande.

Or, le temps que l'on peut accorder à la période quaternaire, soit que l'on prenne pour base
les érosions des fleuves sur leurs berges, l'épaisseur des dépôts diluviens, la marche des anciens
glaciers, les oscillations du sol, est environ de
deux cent mille ans. En partant de ce chiffre, et
en tenant compte des rapports précédemment
établis, on arrive à un total de quatre millions
d'années ou quarante mille siècles, pour la durée des formations qui auraient précédé l'âge contemporain. De ces quarante mille siècles, quatre
mille appartiendraient à la période tertiaire,

huit mille à la période secondaire et vingt-
huit mille à la période primaire.

Il ressort de ce calcul que le temps qu'a exigé
la formation des sédiments terrestres est bien
moins considérable qu'on n'aurait pensé à première vue. On peut discuter du reste les chiffres
que nous avons posés, et admettre cent mille
siècles au lieu de quarante mille, pour toute la
durée des phénomènes géologiques. Là n'est pas
la question. Ce n'est pas l'homme qui a réglé
le chronomètre des âges terrestres; il ne le voit
même pas marcher, et serait tenté d'en croire
les aiguilles immobiles. Mais ce que l'on ne
peut nier, ce sont les durées relatives de chaque
période, et sous ce rapport le calcul conduit à
des conséquences du plus haut intérêt. On voit
d'abord que la durée des formations géologiques
est allée en diminuant d'une manière continue,
depuis les temps primitifs jusqu'à l'âge contemporain. On peut dire par conséquent que
tout le développement, toute la croissance de la
planète, ont eu lieu, et que celle-ci, après avoir
traversé les périodes de la jeunesse et de l'âge
mûr, est réellement arrivée à la vieillesse,

ien qu'elle ne compte encore que quarante-
eux mille siècles d'existence.

De la vieillesse à la décrépitude il n'y a pas
in, et de la décrépitude à la mort, le pas est
ref. L'avenir de la planète n'est donc pas ras-
urant, si nous l'examinons à notre point de
ue, eu égard au sort qui attend l'espèce hu-
aine. Les légendes de tous les peuples, dictées
omme par un esprit d'intuition infaillible, ont
révu la fin de l'homme et du monde, et dans
e sens elles ne paraissent pas s'être trompées
davantage que dans la tradition d'un grand dé-
uge et de certains animaux disparus, qu'elles
ont également adoptée.

Mais comment aura lieu la fin du globe terrestre? La série géologique s'est-elle réellement
arrêtée à l'homme? L'homme, comme il l'a pro-
clamé si souvent, est-il le dernier être, le roi de
la création, pour employer ses propres termes?
Ou bien après l'homme, et à l'issue de quelque
grand cataclysme dans lequel toute l'espèce
humaine sombrera, un être plus parfait viendra-
t-il, qui ouvrira l'ère d'une nouvelle période
géologique? Cet être, que toutes les religions

ont deviné quand elles parlent de ces esprits pour qui l'espace et le temps ne comptent pas, cet être fera-t-il quelque jour son apparition ? Si l'on veut rester d'accord avec les enseignements et les prévisions de la géologie, il faut répondre affirmativement. Oui, un jour l'homme s'en ira, et un être plus parfait le remplacera sur le globe. Pour cet être réellement supérieur, tous les grands problèmes qui désespèrent la philosophie seront sans doute résolus, et tous les mystères de la nature, de la vie, de l'âme, n'existeront plus pour lui.

Mais après cet être que nous ne pouvons qu'entrevoir, en viendra-t-il un autre encore plus parfait, dans lequel s'incarnera toujours plus cette essence divine, ce *nescio quid divinum*, dont chaque être, quelque infime qu'il soit, semble avoir reçu une part qui le vivifie et l'anime ? La matière ne périt pas ; si rien ne se crée, rien ne se perd, et aucun atome matériel ne disparaît du monde physique ; à plus forte raison aucune parcelle de vie ne quitte non plus le monde animé. La somme de vie reste toujours la même sur la globe, seule-

ment la vie peut se modifier avec le temps,
et revêtir des formes diverses, de plus en
plus compliquées et parfaites. Là est le nœud
du problème; et comme rien ne semble faire
prévoir que le cycle des périodes géologiques
soit fermé, un jour viendra où, l'homme dispa-
raissant à son tour pour aller rejoindre les êtres
qui l'ont précédé, des êtres supérieurs le
remplaceront, comme il avait remplacé ceux-
là. Mais toutes ces modifications, toutes ces
transmutations de la vie, n'empêcheront pas le
monde d'avoir une fin. Le monde est né, le
monde doit mourir, comme l'a dit le poëte. Cette
fin, que la science regarde désormais comme
certaine, marquera la dernière phase de l'avenir
de la planète, sur laquelle nous allons nous
arrêter un moment.

La nébuleuse qui s'échappa un jour du soleil,
laissa en chemin la lune. Celle-ci, satellite en
retard, mais fidèle, tourna autour de la terre,
comme la terre autour du soleil, passa par les
mêmes âges géologiques que la planète dont
elle s'était détachée; mais comme elle était
d'un volume plus faible, elle accomplit toutes

ses révolutions en beaucoup moins de temps.

Aujourd'hui la lune est sans air et sans eau ; la vie s'en est allée d'elle, et nue et glaciale, elle promène dans l'empyrée son disque veuf d'habitants. C'est une planète en retraite, qui a fait son temps de service. Elle prend ses invalides, et ne continue plus qu'à tourner ; elle éclaire aussi les nuits de la terre, à laquelle elle renvoie, compagne bienfaisante et généreuse, tous les rayons qu'elle reçoit du soleil.

Le sort de la lune ne semble-t-il pas réservé à la terre ? Un jour (ce jour est bien loin sans doute, mais il est prévu) un jour viendra où l'eau et l'air auront aussi disparu de la surface de la terre. Déjà les chimistes se sont plu à calculer que les roches absorbaient chaque jour des quantités assez notables d'eau et d'air. D'autre part, si l'on compare le lit et le régime des fleuves tels qu'ils étaient au début de la période quaternaire avec ce qu'ils sont aujourd'hui, on reste confondu devant l'énorme volume qu'ont jadis roulé les eaux, et le volume si restreint qu'elles promènent maintenant entre leurs berges resserrées. De même, aucune végétation d'à présent ne saurait se comparer avec celle des temps géologiques passés. Il faudrait aujourd'hui des milliers de siècles pour voir se former la plus mince couche de houille ; aux âges antédiluviens, mais surtout pendant l'époque houillère, les dépôts de combustible fossile exigeaient des temps bien moins longs. C'est que l'air, nous le savons, avait alors une toute autre composition, et qu'il était plus riche qu'aujourd'hui en oxygène, en vapeur d'eau et en acide carbonique, tous les trois si favorables à la végétation.

Cette diminution successive de l'eau, cette modification lente de l'air, l'absorption par des causes diverses du liquide et du gaz indispensables à la vie, amèneront donc peu à peu le passage de la terre à l'état de lune, et ce jour-là, devenu astre errant comme son satellite, la terre promènera dans le ciel son disque dépeuplé. Les trois états de soleil ou planète ignée, de terre ou planète habitée, de lune ou planète déserte, ne forment-ils pas les trois métamorphoses par lesquelles doit passer successivement chaque astre planétaire ? Pour notre globe, les astronomes sont encore plus précis, et vont plus loin que les géologues. Ils calculent, par le ralentissement séculaire de la rotation terrestre, que le globe un jour s'arrêtera, et qu'auparavant une période glaciaire, telle qu'il n'y en a jamais eu, éteindra toute trace de vie à la surface de la planète.

Assurément tout cela n'est guère consolant, et l'on aimerait à rêver une fin plus glorieuse. Qu'y faire ? L'astronomie et la géologie sont ici d'accord, et si la géologie, science naturelle, d'observation, se trompe quelquefois, l'astronomie, science mathématique, toute de calcul, ne se trompe guère. Or toutes deux prévoient ici le même résultat. Tirons au moins une moralité des données de la science. N'essayons pas de faire l'homme plus grand et plus fort qu'il n'est. Sa vie n'est pas même d'une seconde, comparée au moindre phénomène géologique, et il s'était cru le roi de la terre, et il s'était dit, dans son orgueil, que le monde avait été fait pour lui ! La géologie fixe sa véritable place, et réduit à néant ses idées insensées, en lui montrant le commencement et la fin de tous les êtres, même la fin du globe lui-même. Avec plus de raison encore que l'Ecclésiaste, elle lui crie : « Homme, souviens-toi que tu es poussière, et que tu retourneras à la poussière ! »

VIII.

**Premières théories cosmogoniques. — Écoles orientales. —
École ionique : Thalès. — École hellénique : Platon et Aristote. — École italique : Pythagore et Empédocle. — École
latine : Lucrèce, Virgile, Ovide, Sénèque. — Savants du
moyen âge. — Savants de la Renaissance : Léonard de Vinci,
Fracastor, Palissy, Descartes. — Sténon, Leibnitz, Buffon,
Werner, Hutton, Smith, Laplace, Cuvier, M. Élie de Beaumont, développent les idées de Palissy et de Descartes. —
Grandeur des conceptions géologiques.**

La science de la terre a de tout temps passionné les hommes par son côté spéculatif.
Comme elle a pour mission d'expliquer nonseulement l'origine du globe, mais encore celle
des êtres, on devine que la religion, la philosophie, la poésie et l'histoire lui ont tour à tour
emprunté leurs plus hautes inspirations.

Qui ne connaît les cosmogonies de l'Inde, de

la Judée, de la Grèce, de Rome? Elles débutent toutes par une dissertation sur la formation du globe et la naissance des êtres, qui résume les théories géologiques si bornées de l'antiquité. La science s'est ainsi débattue longtemps dans la fiction et les rêves. Elle a d'abord traversé, avant d'arriver jusqu'à nous, une période que l'on pourrait nommer hypothétique ou mythologique, et sur laquelle il ne sera pas sans utilité ni sans intérêt de dire quelques mots.

Les premières écoles cosmogoniques ont commencé avec le monde civilisé ; ce sont celles de la Chine, de la Perse, de l'Inde, auxquelles il faut joindre celles de la Chaldée, de l'Assyrie et de l'Égypte. Toutes ces écoles, qu'on pourrait qualifier du nom d'orientales, et dont les doctrines se transmettent par l'écriture ou simplement par la parole, proclament généralement un seul principe comme origine du monde matériel, c'est l'eau. On conçoit en effet que dans la plupart de ces pays où l'eau domine, où les fleuves aux larges deltas, le Gange, le Nil, couvrent la terre de leurs alluvions et de leurs sédiments, ce mode de formation des assises terrestres a dû être celui que tout d'abord les philosophes ont imaginé.

En Grèce, où se .fait sentir directement et dès le premier jour l'influence de l'école égyptienne, un nouveau principe est ajouté à l'eau, c'est le feu, que l'école ionique patronne en même temps que l'eau. L'idée du feu devait naturellement se présenter à l'esprit dans ces contrées dévastées par les forces souterraines, et exposées à tous les effrayants phénomènes des tremblements de terre et des éruptions volcaniques.

L'eau et le feu, que cependant quelques-uns remplacèrent par l'air, d'autres par les atomes, tels sont donc les principes créateurs de toutes choses dans les doctrines ioniques.

Le partisan de l'eau, Thalès; Anaximène, qui préféra l'air; Héraclite, qui adopta le feu; Démocrite, l'inventeur des atomes qui, un siècle plus tard, devaient tant passionner Épicure: tels sont les fondateurs et les maîtres les plus célèbres de l'école ionique. Cette école commence dès le viie siècle avant notre ère, fleurit pendant tout le vi[e] et le ve, et d'Ionie passe en Grèce.

Platon, qui s'inspira de ces doctrines, et qui étudia aussi chez les Égyptiens, constitua au ive siècle l'école hellénique. Il confirma la tradition d'un grand déluge, que les Grecs avaient déjà recueillie, et donna un corps à la légende du Tartare ou Pyriphlégéthon, ce fleuve de feu des enfers, foyer toujours allumé au centre du globe. Nous savons que les géologues modernes ont repris ces deux conceptions pour les faire passer dans la science. Platon emprunta également aux prêtres égyptiens et répandit dans son école la croyance à une Atlantide, monde englouti sous l'Océan à la suite d'un violent cataclysme. Il généralisa même cette croyance, et il dit dans son livre de *Timée* ou *de la Nature :* « Le genre humain a subi et subira plusieurs destructions, les plus grandes par le feu et l'eau [1]... »

Aristote, le glorieux disciple de Platon, dans son livre *des Météores,* est encore plus explicite que son maître. Il dit : « Là où était la terre, se montre la mer, et là où est la mer se montrera

_____
1. *OEuvres de Platon,* traduction de V. Cousin.

de nouveau la terre... Ces changements ont lieu à notre insu ; les nations meurent, disparaissent avant qu'ils aient complété leur cours [1], et qu'on en puisse garder le souvenir. » Et plus loin [2] Aristote constate non-seulement le déplacement des mers, mais encore le soulèvement et les dislocations du sol, par l'effet de vapeurs ou de gaz souterrains.

L'école italique, cantonnée d'abord en Sicile et dans la Grande-Grèce, suivit les plus anciennes traditions helléniques et les compléta dans une espèce d'éclectisme qui lui fit admettre, comme origine de ce monde, les quatre éléments à la fois. Pythagore n'est que le chef philosophique de cette école ; Empédocle en est le chef véritablement scientifique.

De la Grande-Grèce, les doctrines de l'école italique passèrent aux Romains qui en firent réellement la synthèse, et dont les poëtes résumèrent dans un magnifique langage toute la science cosmogonique de ce temps. Toutefois,

1. Aristote, *des Météores*, liv. I, ch. xiv.
2. *Ibid.*, liv. II, ch. viii.

l'un des maîtres de la poésie latine, Lucrèce, qui est en même temps un des esprits les plus élevés dont l'humanité s'honore, suivit plutôt les doctrines de Démocrite et d'Épicure sur les atomes, pères de notre univers. C'est au concours de ces éléments primitifs, et non de ceux que l'on regarde à tort comme les principes constituants de la matière, l'air, la terre, l'eau et le feu, que tous les corps de la nature doivent leur origine. Presque tout le poëme de Lucrèce roule sur cette idée, et quelle que soit l'opinion qu'on ait sur cet ouvrage, on ne saurait disconvenir que les doctrines que l'auteur y expose sont empreintes d'une philosophie austère et virile, et d'un sentiment très-vif des grands phénomènes naturels.

Virgile, si profond admirateur de Lucrèce, remit néanmoins en faveur la théorie des quatre éléments que celui-ci avait rejetée. « Silène chantait, nous dit-il, comment dans l'immensité du vide se rassemblèrent les germes des terres, de l'air, de la mer et du feu liquide ; comment tout sortit de ces éléments, et comment le globe, d'abord pâteux, se durcit ; comment se fit l'écorce terrestre, qui enferma la mer dans ses limites, et revêtit peu à peu des formes distinctes. Il chantait les continents étonnés aux rayons nouveaux du soleil, et les pluies tombant du haut des nuages suspendus. Il chantait les premières forêts sorties du sol, et les animaux encore peu nombreux errant par des montagnes inconnues. »

Quelle élévation dans tout ce passage, et comme la science d'aujourd'hui a confirmé ce que le poëte avait si bien pressenti ! La cosmogonie de Virgile est plus exacte que bien d'autres tant vantées ; mais il faut lire dans l'original ce morceau, un des plus beaux de la poésie latine :

... Canebat uti magnum per inane coacta
Semina terrarumque, animæque, marisque fuissent,
Et liquidi simul ignis ; ut his exordia primis
Omnia, et ipse tener mundi concreverit orbis ;
Tum durare solum, et discludere Nerea ponto
Cœperit, et rerum paulatim sumere formas ;
Jamque novum ut terræ stupeant lucescere solem,
Altius atque cadant summotis nubibus imbres ;
Incipiant sylvæ quum primum surgere, quumque
Rara per ignotos errent animalia montes [1].

1. Virgile, *Bucoliques*, églogue VI.

Ovide, aussi bien que Virgile, explique dans une poésie harmonieuse la formation et les changements successifs du globe. « J'ai vu, fait-il dire à Pythagore, j'ai vu ce qui était autrefois un continent solide être une mer; j'ai vu des terres produites par l'eau, et des coquilles marines enfouies loin de l'Océan... Ce qui était plaine a été transformé en vallée par les torrents, et des déluges ont aplani les montagnes. »

> Vidi ego quod fuerat quondam solidissima tellus
> Esse fretum, vidi factas ex æquore terras,
> Et procul a pelago conchæ jacuere marinæ.
>
> . . . .
>
> Quodque fuit campus, vallem decursus aquarum
> Fecit, ut illuvie mons est deductus in æquor [1].

Le géographe Strabon a des idées non moins nettes qu'Ovide sur les modifications des continents successivement couverts et abandonnés par les eaux, et il est plus précis encore sur le soulèvement et l'affaissement des terres, et sur les effets dynamiques du feu central [2]. Il raisonne de

1. Ovide, *Métamorphoses*, liv. XV.
2. Strabon, *Géographie*, liv. I, chap. III.

tout cela avec la même netteté qu'un géologue d'à présent. Quand il entend dire que les coquilles pétrifiées que l'on rencontre dans les calcaires qui ont servi à bâtir les Pyramides, coquilles que nous nommons aujourd'hui les nummulites (du latin *nummus*, parce qu'elles ressemblent le plus souvent à de petites pièces de monnaie), proviennent de lentilles répandues sur le sol par les travailleurs, il élève des doutes à ce sujet : car, dit-il, on rencontre de ces mêmes fossiles dans son pays natal, à Amasée, en Asie Mineure. Les géologues modernes les y ont en effet signalés, et ont justifié ainsi l'observation du géographe grec.

Sénèque le philosophe développe à son tour sur les cataclysmes qui doivent marquer la fin de l'époque géologique actuelle des vues qui ne manquent pas de justesse. « L'eau et le feu dominent ici-bas, dit-il : d'eux est sorti toute chose, et par eux tout finira[1]. »

Quant à Pline le naturaliste, dont on pourrait s'étonner de ne pas rencontrer ici le nom,

1. Sénèque, *Questions naturelles*, liv. III.

il apporte dans l'étude de tous ces grands problèmes moins de critique que ses devanciers, et
ne s'y montre, comme sur tant d'autres sujets,
qu'un compilateur qui manque bien des fois de
jugement.

Le monde romain, jusqu'à la chute de l'Empire, conserva sans les modifier les idées cosmogoniques des maîtres de l'école grecque et latine.
Les savants du moyen âge, plus occupés de théo-
gonie, d'alchimie et de scolastique que de géologie, ne formèrent aucune hypothèse sur les
origines du globe, et pour la plupart acceptèrent
sans les discuter les traditions mosaïques et chrétiennes d'un Dieu tout-puissant, tirant du néant,
en six jours, le monde et tous les êtres.

Les savants de ce temps, Avicenne, Aver-
rhoès, ces grands commentateurs d'Aristote,
chez les Arabes; Gerbert, Albert le Grand, Ro-
ger Bacon, Alphonse le Sage, Dante, esprit en-
cyclopédique qui résume tout le savoir du moyen
âge, Vincent de Beauvais, qui l'égale chez nous
et a le mérite de le précéder, et tant d'autres
qu'on pourrait aussi citer, vivent sur le fonds
d'Aristote et des livres saints, ne voient rien

au delà, et en géologie surtout, se contentent de ce que le maître et Moïse ont dit. Ceux qui, trop à l'étroit dans des idées qu'ils ne partagent pas tout entières, veulent marcher en avant, payent de leur liberté et souvent de leur vie la gloire de devancer leur époque.

Au commencement des temps modernes, quand l'esprit d'examen se ranime avec le souffle de la Réforme, les discussions cosmogoniques renaissent. On se demande, sinon d'où est sorti ce globe, au moins d'où viennent les roches solides qui le composent et les empreintes d'êtres organisés qu'on rencontre dans les terrains. On s'inquiète de savoir si ces empreintes sont bien des jeux de la nature, des images dues à des forces plastiques occultes, à l'influence des planètes et des étoiles, comme on l'a cru jusqu'alors, ou si elles ne sont pas le témoignage le plus certain de l'existence d'êtres vivants au milieu même des terrains quand ils se formaient, et dans les lits desquels ces êtres ont abandonné leurs dépouilles.

Un des génies les plus complets de ce temps, Léonard de Vinci, qui s'est voué au culte de la science non moins qu'à celui de l'art, écrit que les coquilles fossiles se sont pétrifiées dans le imon des eaux, ce qu'aujourd'hui nous nommons les dépôts sédimentaires; et qu'elles appartiennent à des espèces et à des époques différentes.

Le médecin et poëte Fracastor partage et répand ces idées. Il profite, pour entrer en lice, de la découverte qu'on vient de faire de coquilles et de poissons fossiles dans les terrains du Véronais, et remarque, comme Léonard, qu'on rencontre ces pétrifications classées régulièrement et par assises.

Le potier-émailleur Bernard Palissy, qui n'eut jamais, selon ses propres paroles, « d'autre livre que le ciel et la terre, qu'il est donné à tous de connaître et de lire, » fut le premier qui proclama en France la formation aqueuse des terrains stratifiés, et le véritable caractère des fossiles qu'on y rencontre. S'en tenant à un seul élément, il n'admet que l'eau comme « commencement et origine de toutes choses naturelles. » Il proclame que les fossiles sont des restes d'animaux autrefois vivants, quelques-uns d'espèces entièrement disparues, et que tous les jeux de la nature ne peuvent rien à ces pétrifications, « si l'animal même n'a bâti sa forme. »

Disons en passant que ce sont ces mêmes fossiles qui inspirèrent Bernard Palissy dans le dessin des *rustiques figulines* dont il ornait tous ses plats émaillés. C'est également au sujet de ces pétrifications, si abondamment répandues dans les terrains autour de Paris, que l'ouvrier de terre ouvrit en 1575 ses fameuses conférences sur la géologie, où il compta entre autres auditeurs le grand chirurgien Ambroise Paré.

Si Palissy peut être acclamé chez nous comme le père des géologues neptuniens, Descartes à son tour est le chef des plutonistes ou des vulcaniens. Il ravive, en même temps que la théorie du feu central de Platon, celle des atomes d'Épicure que le moyen âge avait perdue de vue; mais tout, selon Descartes, a son origine dans l'élément igné. Par le refroidissement, les corps, d'abord en feu, se couvrent de taches et de croûtes, comme le soleil, et la terre et toutes les planètes ne sont que des soleils éteints. L'écorce solide du globe recouvre un foyer allumé, et les réactions de cette mer de feu contre la croûte extérieure produisent les fractures du sol et le soulèvement des montagnes.

Bornons ici cette nomenclature. Les véritables précurseurs de la géologie moderne ont paru : c'est Palissy, c'est Descartes, esprits éminemment créateurs, mais dont les découvertes ont été en quelque sorte préparées par tous les travaux de leurs devanciers, depuis Thalès et Pythagore, depuis Platon et Aristote. Avec Palissy, avec Descartes, naissent véritablement les théories sur lesquelles toute la science aujourd'hui repose. Nous venons de voir Palissy certifier l'origine aqueuse des couches sédimentaires du globe, et la nature organique des fossiles, dont quelques-uns sont d'espèces perdues. Buffon reprendra plus tard cette dernière idée, mais sans la développer. Cuvier, non moins observateur et subtil que Palissy, lui donnera un corps et en fera sortir tout d'un et une science nouvelle, la paléontologie, cette science des êtres disparus.

A son tour Descartes, en établissant l'origine ignée du globe et l'existence du feu central, devine dans ce dernier élément la cause des dislocations du sol et du soulèvement des chaînes de montagnes. Buffon passera auprès de cette idée sans l'analyser, sans même s'en inspirer, comme il n'a pas su trouver la paléontologie dans les conceptions de Palissy; mais M. Élie de Beaumont aura plus tard la gloire de résumer en corps de doctrine la grande conception du feu central; il la pliera même à toute la rigidité du calcul mathématique, et en fera dériver avec toutes ses conséquences la belle théorie des soulèvements.

Avec Palissy, avec Descartes, la géologie est donc née. Sans doute Lavoisier, en créant la chimie et en découvrant les corps simples; Laplace, en imaginant le véritable système du monde, assoiront sur des bases encore plus solides les théories cosmogoniques; mais dès le XVIIe siècle on peut dire que la géologie est faite, et passe à l'état de science de moins en moins hypothétique. Les fondateurs sont venus, ce sont ceux que nous avons nommés.

L'anatomiste Sténon, Suédois de naissance, mais que l'Italie réclame pour ses travaux, ne fit que développer les doctrines de Léonard de Vinci, de Fracastor et de Palissy, sur la nature des terrains de sédiment et des fossiles qu'ils contiennent. Le premier, il nomme primitifs les terrains sans fossiles. Esprit éclectique, il ne s'adresse pas seulement à l'eau pour expliquer tous les phénomènes, il attribue le soulèvement des masses superficielles à l'effort de vapeurs souterraines.

Presque en même temps que Sténon vient Leibnitz avec sa *Protogée* [1], Leibnitz qui procède de Descartes et de Sténon, partisan à la fois du feu et de l'eau, surtout du premier de.ces deux éléments.

Buffon, comme Leibnitz, ne fait que continuer les idées de Descartes. Non-seulement il n'y

---

1. Leibnitz fut chargé en 1680, par le duc Ernest-Auguste, de faire l'histoire de la maison de Brunswick-Hanovre. Il voulut remonter à l'origine des choses, et écrivit, après treize ans de recherches et de voyages, le préambule de cette histoire. Ce fut la seule partie qu'il en rédigea. Ce préambule est la *Protogée*. C'est un essai sur la formation de la terre et les révolutions que la planète a subies. La science a marché depuis Leibnitz. Aujourd'hui toutefois, si un auteur devait écrire l'histoire de quelque maison régnante, il ne commencerait pas par celle de la naissance du monde.

ajoute rien ; mais, quand il veut s'en écarter, il est bien malheureusement inspiré. Ses conceptions sur la genèse du monde planétaire, malgré le style dont il les colore, n'ont guère fait souche après lui.

Voici cependant d'autres maîtres qui ajouteront de nouveaux éléments à l'édifice en voie de formation.

Sur la fin du xviiie siècle nous trouvons chez les Allemands Werner, chez les Anglais Smith et Hutton. De ces deux-ci, l'un est vulcanien et plutonien : c'est Hutton, créateur de la théorie du métamorphisme ; l'autre est neptunien, comme l'est Werner. Pendant que le mineur allemand, éternel honneur de l'école de Freyberg, crée en quelque sorte la théorie des filons, que M. Élie de Beaumont aura plus tard la gloire de compléter définitivement, le praticien anglais Smith étudie la nature et la variation des coquilles fossiles dans les terrains où elles sont renfermées, et délimite les strates qui les contiennent. Il crée ainsi la stratigraphie, et la géologie anglaise peut le réclamer à bon droit comme son premier fondateur.

11.

Il n'a donc pas fallu moins de deux mille cinq cents ans, depuis les premiers bégayements de la philosophie hellénique jusqu'à notre siècle (nous ne parlons pas des tâtonnements des écoles orientales), pour établir sur une base désormais certaine, positive, la science de la terre. Mais aussi quelle conquête était réservée aux efforts du génie humain! Le passé si ténébreux de notre planète s'est enfin révélé à nous, le voile qui nous cachait nos origines s'est déchiré, et l'homme a établi la véritable chronologie du globe.

Le système du monde a été découvert, et un astronome, lisant dans le commencement des âges, a dit comment toutes choses étaient nées. Sur la sphère qu'il a montrée se dégageant du soleil, les géologues ont vu à leur tour se consolider la première écorce, et des dépouilles de celles-ci naître les terrains de sédiment sur lesquels est apparue et s'est développée la vie, progressant et se transformant toujours. Le satellite de la terre, la lune, les planètes, sœurs de la terre, et tous leurs satellites, ont également ou ont eu, une vie analogue, et passent, sont passées ou passeront par les mêmes phases. Le soleil lui-même, père de notre système planétaire, se prépare aux mêmes métamorphoses. Tous les mondes qui environnent le monde solaire, toutes les étoiles, qui sont autant de soleils autour desquels gravitent d'autres convois de planètes, toutes les nébuleuses, toutes les nuées cosmiques, que l'on distingue sur la voûte du ciel et qui sont autant de sphères en voie de formation, autant de soleils futurs d'où sortiront d'autres séries de planètes, tous ces mondes se préparent à des phénomènes géologiques, sinon absolument les mêmes, du moins du même ordre que ceux que nous avons décrits pour notre petite terre.

Devant un tel spectacle, qui n'est pas un rêve de l'esprit, mais un fait décisif que la science dès à présent confirme de tous points, l'esprit demeure abîmé, confondu. Qui a prévu cela de tout temps? Est-ce une intelligence souveraine, créatrice, un esprit infini qui veille sur les lois de ce monde, anime la matière et donne à chacun sa place et ses fonctions? Ou tout cela n'est-il que l'effet de forces fatales, d'agents mystérieux existant de toute éternité et inhé-

rents à la matière elle-même? Qui donc ici sou-
lèvera le voile? Qui dégagera l'inconnu de ce
désespérant problème? Est-ce à l'âge humain
qu'une telle découverte est réservée? N'appar-
tient-elle pas plutôt à quelques-uns de ces âges
futurs qui remplaceront le nôtre dans la série
des transformations que la terre doit encore
subir?

CHAPITRE IX.

La géologie positive, qui occupe un rang si
distingué dans les sciences naturelles, est née
d'hier, comme on vient de le voir. Il n'y pas un
siècle que les théories cosmogoniques, partant
de bases désormais certaines, ont donné à la
partie philosophique de la géologie une assiette
qu'elle n'avait pas eue jusque-là.

Dès lors la science a été brillamment fondée
par une pléiade d'observateurs, et elle est tout
à coup entrée dans le domaine des faits réels.
Elle y est entrée si franchement, que l'on pour-

rait citer nombre de vaillants disciples presqu'aussi illustres que les maîtres.

La phalange serrée des géologues reconnaît aujourd'hui pour chefs les deux Brongniart, MM. Élie de Beaumont et Dufrénoy, en France; M. d'Omalius d'Halloy, en Belgique; de La Bêche, Buckland, Sedgwick, MM. Murchison et Lyell, en Angleterre; Humboldt et de Buch, en Allemagne; Saussure et M. Agassiz, en Suisse, et ce dernier aussi en Amérique.

Les leçons de tous ces maîtres ont eu pour premier résultat d'asseoir sur des bases définitives la classification générale des terrains, désormais divisés en éruptifs et sédimentaires, en plutoniens et neptuniens, comme on disait d'abord. Il a été ensuite facile de reconnaître ces terrains à leur âge, marqué surtout pour les sédimentaires, par leur ordre de superposition et la nature des débris organisés qu'ils renferment, et pour les éruptifs, par l'âge lui-même des assises neptuniennes qu'ils ont traversées ou soulevées les dernières.

Les épithètes de neptunien et de plutonien, empruntées à la fable, réveillent dans l'esprit

le souvenir des vieilles querelles géologiques,
dont on peut lire l'histoire dans les livres.
Celles-ci sont maintenant assoupies, et il n'était
pas trop tôt. Un compromis s'est enfin établi
entre les deux systèmes, et les débats ont pris
une autre direction, car il faut toujours qu'on
dispute.

Deux écoles se partagent aujourd'hui le monde
géologique : l'une peut s'appeler l'école *révolutionnaire* ou *des soulèvements*; elle a été grandement inaugurée par Cuvier et M. Élie de
Beaumont, et admet dans les périodes géologiques, comme en histoire, des époques de
révolution et de calme. Pour elle, toutes les
montagnes ont été violemment soulevées par
des phénomènes dynamiques, pour ainsi dire
instantanés. L'extinction de nombreuses familles d'êtres organisés a accompagné ces cataclysmes, après lesquels de nouvelles espèces
sont apparues.

L'autre école, que l'on pourrait nommer *pacifique* ou *des causes lentes*, veut que tout se soit
accompli en ce monde avec paix et lenteur, suivant l'axiome que la nature ne procède pas par

bonds, *natura non facit saltus.* Cette école ne reconnaît, comme raison de tous les phénomènes passés, que des causes physiques lentes, analogues à celles qui agissent encore actuellement. Elle a eu autrefois à sa tête un savant français, Constant Prévost, qui répondait à Cuvier que les montagnes ne poussaient pas comme des champignons; elle est aujourd'hui glorieusement défendue par un géologue anglais, M. Lyell; une partie des géologues français suivent aussi volontiers cette bannière.

Si l'on veut savoir comment se classe en France, notamment à Paris, l'enseignement de la géologie, on peut dire que l'École des mines est révolutionnaire, avec M. Élie de Beaumont; la Sorbonne, pacifique, avec les disciples de Constant Prévost. Les idées de l'École des mines règnent en partie au Collége de France, au Muséum, à l'École normale, mais avec un grand éclectisme; une nouvelle théorie se fait même jour dans ces trois dernières chaires, qu'on pourrait appeler la théorie des causes chimiques, parce qu'on y invoque les phénomènes du laboratoire pour expliquer ceux de la formation de la terre.

Le mal ne serait pas grand, si les écoles géologiques d'aujourd'hui, françaises ou étrangères, bornaient là le sujet de leurs disputes et de leurs dissensions ; mais aucune classification méthodique des terrains n'existe, aucune entente entre les divers auteurs au sujet de la nomenclature, et c'est là que l'inconvénient devient des plus graves.

D'abord le point de départ de la classification est faux. Parce que Werner, s'inspirant du reste en cela de son prédécesseur Sténon, et à une époque pleine de ténèbres qu'il a eu la gloire de dissiper, avait créé les terrains primitifs, qui formaient ce qu'il regardait comme la première écorce du globe, puis les terrains secondaires ou dépôts de seconde formation ; parce qu'il avait placé entre les deux terrains tous ceux d'origine incertaine, qu'il appelait terrains de transition, était-ce une raison pour continuer à suivre jusqu'à aujourd'hui, sans rien en retrancher, les errements du maître ? Aujourd'hui, quoique la géologie ait marché à grands pas depuis Werner, on entend toujours parler des terrains primitifs et de ceux de transition. Et cependant les terrains que le célèbre mineur allemand nommait primitifs sont déchus de leur rang, puisqu'ils ont fait éruption à toutes les époques, en changeant toutefois et par intervalles de composition et d'aspect; et quant aux terrains de transition, outre que le terme est loin d'être scientifique, ne pourrait-on pas trouver de ces terrains entre toutes les formations, pour ménager au besoin les passages d'une époque à une autre, passages souvent si difficiles à débrouiller? N'est-il pas mieux, comme nous l'avons fait avec quelques géologues encore trop rares, de renoncer à ces classifications inexactes, douteuses, de donner avant tout aux terrains dits naguère primitifs le seul nom d'éruptifs ou d'ignés, et de les intercaler à leur vraie place, comme des accidents, dans les formations qu'ils traversent? N'est-il pas mieux de diviser une fois pour toutes les formations sédimentaires d'après leur âge, en primaires, secondaires, tertiaires et quaternaires? Mais cet exemple a été bien peu suivi, et c'est ici surtout que le défaut de méthode s'est fait vivement sentir.

Les faits que nous venons de relater sont d'autant plus regrettables, que c'est le manque d'une classification bien faite qui éloigne les gens du monde, et même les jeunes étudiants, de l'étude de la géologie, qui offre cependant tant d'attraits. Encore, si les classifications n'étaient que mal faites, ce serait un noviciat à tenter, et l'on s'y résoudrait; mais chaque école, chaque pays, chaque savant, ont voulu apporter des termes à eux dans cette tour de Babel, et la classification géologique est devenue la confusion des langues. Pour imposer des noms nouveaux à tel ou tel terrain, à tel ou tel groupe, on a scindé, on a dédoublé les formations; on a fait dépendre la structure de l'édifice terrestre de telle ou telle assise microscopique, et de même que les adversaires de Werner accusaient le maître de croire que Dieu avait fait le monde sur le modèle de la Saxe, de même, et avec plus de raison, on a pu reprocher à quelques géologues de ne voir dans tous les terrains que le type des bassins de Londres et de Paris, ou même celui de leur pays natal. C'est ainsi que la science a été livrée aux ergoteurs, qui, semblables aux moines du Bas - Empire, ont discuté pendant des années sur des infiniment petits, et cherché entre des formations lointaines des parallélismes impossibles. Ce que voyant, le public qui écoutait aux portes, en essayant de comprendre quelque chose au débat, a pris en pitié les géologues, et il a dit d'eux ce que Cicéron disait des augures, qu'il ne comprenait pas que deux géologues pussent se regarder sans rire.

Aurons-nous après cela le courage d'aborder la classification géologique telle que l'ont faite les savants, et de porter une main, même discrète, sur cette espèce de pandémonium? Déjà nous avons fait pressentir le trouble et la cacophonie qui existent dans la nomenclature, où tout, hors la méthode, a été mis à contribution. Les caractères géographiques, minéralogiques, paléontologiques et bien d'autres, ont tour à tour été invoqués. En s'adressant à la géographie pour dénommer les formations, les fondateurs de la géologie anglaise sont partis d'une base fâcheuse. D'abord on n'est jamais sûr d'avoir trouvé le véritable type dans tel ou tel pays. Ensuite, par esprit de clocher ou par raison de nationalité, les géologues refusent presque toujours d'adopter tels ou tels noms, et en créent d'autres qu'ils regardent comme équivalents et qui souvent sont moins bons que les premiers. C'est ainsi qu'en Angleterre, le terrain cambrien a été presqu'à sa naissance débaptisé, et transformé en cumbrien, parce que dans le Cumberland, disait-on, il était mieux défini, plus complet que dans le pays des Cambres ou anciens Cimbres dont est formé le nord du pays de Galles. Aux États-Unis, ç'a été bien autre chose, et nous savons que *Brother-Jonathan* a opposé à son ami *John-Bull* les terrains taconien, laurentien, canadien, pour faire pièces aux terrains cambrien, silurien, devonien.

En France, A. d'Orbigny, renchérissant sur tout cela, a créé trente terrains représentan toute la série géologique, et a mêlé de la façon la plus désordonnée tous les caractères dans sa nomenclature. Il s'en est donné d'abord à cœur-joie avec les caractères géographiques, et les terrains aptien, albien, bajocien, bathonien.

callovien, toarcien, sinémurien, sont venus dérouter les géologues français eux-mêmes. Puis d'Orbigny, manquant à tout esprit de méthode, a détrôné le terrain silurien, qu'il a appelé murchisonien en l'honneur du géologue qui le premier l'avait étudié. Il a baptisé le terrain houiller et celui du lias des noms baroques de carboniférien et liasien, pour les faire rentrer dans sa terminologie ; enfin il a créé les terrains conchylien, salisérien, corallien, comme si l'on ne trouvait que dans les terrains ainsi nommés des coquilles, du sel et des coraux fossiles. Quel savant oserait appliquer de pareilles classifications à la géologie des pays étrangers, l'Asie ou l'Amérique par exemple ? D'Orbigny, qui avait visité avec tant de soin cette dernière contrée, n'aurait pas dû oublier que les formations terrestres affectent souvent, même aux plus lointaines distances, une grande analogie, une complète similitude. Ce fait aurait dû l'inspirer dans sa classification, et il eût dû chercher à rendre celle-ci la plus générale possible.

Des géologues français ou belges, sans tenir

compte de toutes ces raisons, et dignes élèves de d'Orbigny, ont renchéri sur la nomenclature du maître, et de nouveaux terrains, entre autres le cognassien, l'angoumien, le séquanien, créés par des géologues français; l'hervien, le nervien et toute leur cohorte, par le géologue belge Dumont, célèbre à d'autres titres, tous ces noms sont venus, à la grande joie des rieurs, jeter encore un peu plus de trouble dans la langue géologique.

Tout n'est pas dit. Dans l'Amérique du Nord, M. Rogers, divisant à son tour les époques géologiques comme celles de la journée, crée les terrains de l'aurore, du matin, de midi, de l'après-midi, du soir; malheureusement il s'arrête en chemin, commence avec la série des sédiments, mais finit avant elle, si bien qu'il donne le nom de terrain du soir au terrain houiller, à celui qui marque l'époque de végétation peut-être la plus luxuriante par laquelle la terre ait jamais passé.

L'idée imaginée par un savant français, M. de Barrande, de désigner les divers étages des terrains par la série des lettres alphabétiques ou des chiffres, n'est pas plus heureuse ; c'est supposer que toutes les formations sont irrévocablement connues, ce qui n'est point. De là l'impossibilité de baptiser convenablement de. nouvelles assises intermédiaires à mesure qu'on les découvre.

Est-ce tout ? Non pas, certes. En Angleterre, M. Lyell lui-même, le grand Lyell, *tu quoque!* outre le tort de commencer l'étude de la géologie par les terrains supérieurs, comme si l'on pouvait visiter un édifice en allant du grenier à la cave, et non de la cave au grenier ou mieux des fondations au faîte ; M. Lyell a introduit dans la série des terrains tertiaires une synonymie étrange, qui a été adoptée cependant, grâce à une consonnance harmonieuse, dans presque tous les camps géologiques, et y a laissé une trace ineffaçable. Remarquant qu'au début de la série tertiaire, les mollusques analogues à ceux d'aujourd'hui naissent, puis deviennent de plus en plus nombreux, le géologue anglais a eu l'ingénieuse idée d'appeler le terrain tertiaire inférieur du nom d'éocène, empruntant cette épithète à deux mots grecs qui signifient *aurore* et *récent,*

comme qui dirait aurore de ce qui est récent,
de ce qui existe aujourd'hui. Cela fait, M. Lyell
appelle miocène le terrain tertiaire moyen, pour
indiquer qu'il contient moins de ce qui est récent, non par rapport à celui qui précède, mais
par rapport à celui qui va suivre, le terrain
tertiaire supérieur, qu'il appelle alors pliocène,
ou terrain qui contient plus de ce qui est récent.
Franchement cela serait risible, si cela n'était
triste; car des imitateurs sont venus brocher
sur le tout, et créer à leur tour l'oligocène, le
néocène, l'orthocène, le proïcène, l'holocène et
autres semblables, sans doute pour faire concurrence à M. Lyell qui, non content de sa triade,
a imaginé de la couronner par le pléistocène
et le post-pliocène. Ne faudrait-il pas renvoyer
tous les géologues à l'école, et leur souhaiter
un Molière, un Voltaire au besoin, pour leur
apprendre à parler une langue qui soit intelligible?

Il est vrai que plus d'un savant pense qu'en
géologie la classification définitive ne pourra se
faire qu'une fois que la science sera définitivement établie, que tout le globe sera connu, dis-

séqué, et qu'en attendant, les meilleurs termes sont ceux qu'on comprend le moins. A ce propos on a cité les expressions de trias, de lias, qui ont fait partout fortune. Fort bien, mais était-ce une raison pour que M. Marcou vînt nous imposer le dias? L'Allemand M. Geinitz a cueilli le mot au passage, et voilà le dias lancé. Lias, trias, dias, rappellent, sauf moins d'harmonie, la trilogie de M. Lyell. Et puis, qui nous dit que le dias se rencontrera partout avec deux étages seulement? Déjà ont réclamé les pères du terrain permien, que le diasique veut détrôner, et MM. Murchison, de Keyserling et de Verneuil ont tour à tour lancé leurs foudres sur le nouveau-né de M. Marcou.

Les noms que l'on comprend le moins, avons-nous dit, sont ceux qui en géologie sont assurés du plus grand succès. Cela n'est malheureusement que trop vrai. C'est ainsi que la grauwacke, le zechstein, le rothe-tode-liegende, le mushelkalk, le gault, le corn-brash, le keuper, le crag, le coral-rag, le flysh, le lehm, le lœss, le drift, nous prenons au hasard, sont cités en France à tout propos. La plupart du temps on applique chaque nom à des formations très-dissemblables, eu égard au moins aux caractères lithologiques, de celles qui ont dans le principe été baptisées ainsi en Allemagne ou en Angleterre. A Paris, pour n'en montrer qu'un exemple, les noms de lehm et de lœss sont donnés indistinctement à tous les dépôts diluviens de la vallée de la Seine, qui n'ont rien du limon, comme sembleraient le faire croire ces termes germaniques, appliqués dans le principe au diluvium de la vallée du Rhin.

Que dire enfin de ces savants qui, empruntant à des caractères qu'ils ont eux-mêmes inventés ou qui ne sont pas des caractères distinctifs, les termes de leurs classifications, ont créé des terrains que nous ne voulons pas nommer, et ont apporté un nouvel élément de perturbation dans un camp déjà en désarroi ?

L'étroitesse des idées s'est mêlée à la cacophonie du langage géologique. Au lieu de regarder le monde, on n'a regardé que l'espace autour de soi ; au lieu de lire le grand livre de la nature, ou de s'inspirer des écrits des devanciers, des illustres contemporains, et de parcourir au moins la terre avec eux, beaucoup n'ont fait, en France surtout, que de la géologie locale et même de cabinet, et quelquefois ont étiqueté les terrains sur le vu de quelque fossile douteux. Ils ont de la sorte inspiré de nouveau au public une bien triste idée des géologues. Celui-ci, après avoir fait dépendre le nom à donner à une assise de l'existence de tel ou tel fossile, a reconnu ensuite que ce fossile était faux ou mal défini. Cet autre, grâce à une petite coquille, à quelque empreinte de plante incertaine, trouvée dans un étage regardé jusque-là comme appartenant à la période tertiaire ou secondaire, a bouleversé de sa propre autorité cet étage, et l'a vieilli ou rajeuni en le haussant ou l'abaissant dans la série des formations. Comme on n'a pas trouvé encore de chronomètre bien précis pour marquer la durée des époques géologiques, chacun a fait marcher à son gré les aiguilles.

Il faut borner là ces confidences. Le grand mal, c'est que le désordre est partout, non-seulement dans la nomenclature, mais dans les idées. « Faites-moi de la bonne politique, disait un jour un ministre, l'abbé Louis, à Louis XVIII, et je vous ferai de bonnes finances. » « Donnez-vous une bonne classification, une bonne langue, pourrait-on dire aux géologues, et vous ferez une bonne science. »

L'exemple de Lavoisier et de ses savants collègues, créant la chimie par la nomenclature, la chimie qui depuis des siècles se débattait dans les langes de l'alchimie, devrait servir de leçon aux géologues. En zoologie, en botanique, il existe également des classifications bien faites, qui ont fixé ces sciences. La langue des Linné, des Jussieu, n'effraie guère le public léger que par ses terminaisons grecques et latines. Pourquoi la géologie, qui fait partie comme la zoologie et la botanique de l'histoire naturelle, n'aurait-elle pas aussi une véritable nomenclature? Encore une fois la science ne progresse que par de bonnes classifications, et celles-ci lui sont tout aussi indispensables que l'est au commerce un bon système de poids et mesures. En géologie il ne serait pas nécessaire, pour

12.

arriver à une nomenclature définitive, de se re-
mettre à parler la langue d'Homère ou de Cicéron.
Que l'on prenne des termes généraux qui soient
communs aux principales langues de l'Europe,
et qui soient déjà tirés des langues mères, le
latin et le grec, l'on aura fait le premier pas vers
une entente scientifique universelle. Que les
savants se mettent avant tout d'accord sur ce
premier point; il sera possible ensuite d'arriver
à bien, dût-on provoquer un congrès géologique
international, et profiter dans ce but des grandes
assises des peuples, de ces pacifiques olympiades
comme l'exposition universelle de 1867 en ouvre
une à Paris.

Tout d'abord il faudrait bien s'entendre, et
ne pas faire de la mauvaise synonymie; procéder d'une façon méthodique, rationnelle, philosophique, et marcher par gradation. C'est
ainsi qu'en zoologie, en botanique, on passe
des embranchements aux classes, de celles-ci
aux ordres, et successivement aux familles,
aux genres, aux espèces, puis enfin aux variétés et aux individus. De même, en géologie,
on pourrait marquer d'abord deux embranche-

ments distincts, celui des dépôts éruptifs et celui des dépôts sédimentaires, et dans l'échelle des dépôts sédimentaires, diviser avant tout l'ensemble en périodes ou systèmes ; les périodes en époques ou terrains ; les terrains en groupes ou séries, et les séries en étages, qui, à leur tour, comprendraient les couches ou assises, subdivisées enfin en bancs et en lits. Telle semble devoir être la base d'une véritable nomenclature, et les mots système, terrain, groupe, étage, couche, lit, correspondraient autant que le règne minéral et organique peuvent se comparer, aux mots classe, ordre, famille, genre, espèce et variété des règnes animal et végétal. C'est cette nomenclature que nous avons essayé de suivre dans les chapitres de cette histoire où s'est déroulée devant le lecteur la succession des âges terrestres. Quant aux expressions, nous les voudrions courtes, précises, faciles à saisir. On respecterait autant que possible les dénominations déjà en usage, on choisirait parmi les meilleures, n'en inventant aucune et repoussant le plus grand nombre comme inutiles. Un adjectif spécifique, accompagnant le substantif, suffirait pour chaque dénomination. En tout cela on ne chercherait qu'à être logique, attendu que la base d'une classification méthodique, celle que les zoologistes et les botanistes décorent du nom de naturelle, manquera toujours en géologie. L'individu, l'unité, couche ou strate, qui pourrait servir de base à une classification raisonnée des terrains sédimentaires, ne se présente pas partout avec les mêmes caractères dans le même terrain.

A Dieu ne plaise que nous ayons la prétention d'avoir même tenté l'œuvre dont nous venons de parler, celle d'une classification géologique rationnelle, qu'il est réservé à d'autres que nous de mener à bien; mais voici, pour résumer à la fois ce chapitre et tous les précédents, un tableau récapitulatif des dépôts sédimentaires, dressé suivant nos données :

NOMENCLATURE
DES DÉPÔTS SÉDIMENTAIRES.

Périodes ou systèmes.	Époques ou terrains.	Groupes ou séries.	Étages.
Quaternaire..	Alluvien. Diluvien.		
Tertiaire......	Pliocénique. Miocénique. Éocénique.		
Secondaire....	Crétacé. Jurassique. Triasique. Permien.		
Primaire.....	Carbonifère. Devonien. Silurien. Cambrien.		

Dans ce tableau, nous aurions volontiers
substitué aux dénominations d'éocénique, mio-
cénique et pliocénique du système tertiaire, celle
de terrains parisien, falunien et subapennin,
dont les types existent dans le bassin d Paris,
les faluns de la Touraine et les dépôts au pied
de l'Apennin. Ces dernières dénominations ont

été adoptées par quelques géologues, et rappellent des caractères empruntés à la lithologie ou à la géographie des terrains, comme la plupart des dénominations géologiques les plus usitées. Mais les termes inventés par M. Lyell ont tellement prévalu dans la science, qu'il nous a paru plus convenable de les respecter, en les transformant toutefois en adjectifs comme le veut la méthode. Les termes de la nomenclature géologique doivent être binaires, et comprendre, comme ceux de la nomenclature chimique, un substantif suivi d'un adjectif spécifique.

En atteignant le but que nous avons essayé d'invoquer, celui d'une bonne classification, la géologie, qui est la partie des sciences naturelles la plus accessible à tous, celle qui exige le moins de préparation, remonterait à la place dont ses malheureuses nomenclatures l'ont fait déchoir. Ce jour-là, redevenue intelligible au plus grand nombre, elle qui a déjà trouvé un Cuvier, un Élie de Beaumont, trouverait sans doute un Lavoisier ou un Linné. A ce génie philosophique incomberait l'honneur de fixer la science sur des bases définitives, et ce ne serait pas une faible gloire. La géologie peut être nommée à bon droit la science maîtresse, car c'est elle qui ouvre véritablement l'histoire et la connaissance de toutes choses, en indiquant à l'homme son origine et celle du globe qu'il habite.

CHAPITRE X.

LES PIERRES ET LES MINÉRAUX.

Terrains, roches et minéraux. — Origine des pierres. — Anciennes superstitions. — Végétation minérale. —Les cailloux mâles et femelles, nobles et ignobles. — Roches éruptives, sédimentaires, transformées et filoniennes. — Les granites, les porphyres, les ophiolites, les trachytes, les basaltes et les laves. — Les calcaires, les gypses, les argiles, les pierres siliceuses et charbonneuses. — Les pierres schisteuses; les pierres métalliques. — Les incommensurables du règne minéral. — Les corps simples. — Le grand atome. — Rapports frappants. — La chimie et la géologie. — Essai de classification artificielle. — Les pierres, les terres, les sels, les combustibles, les métaux, les liquides et les gaz. — Rôle des substances minérales dans la vie des nations.

L'écorce du globe est formée de matières consistantes auxquelles nous avons donné, en les considérant chacune dans son ensemble, et d'après les conditions qui en ont accompagné le dépôt, le nom de terrains. Les roches sont les

13

éléments constitutifs des terrains, des masses
homogènes, des couches qu'ils renferment, et
celles-ci se composent à leur tour de minéraux.
Ces trois expressions, terrains, roches et minéraux forment donc les trois termes progressifs
d'une même série. On peut dire de la géologie
que c'est la science des terrains, dont elle fait en
quelque sorte l'anatomie. Elle passe ainsi à la
lithologie, science des roches ou des pierres,
comme on les nomme vulgairement; enfin la
minéralogie s'occupe spécialement des minéraux. Ces deux sciences, la lithologie et la minéralogie, sont pour ainsi dire les alliées naturelles de la géologie, et lui prêtent un continuel
secours. Sans leur aide, la géologie ne donne-
rait lieu qu'à une étude spéculative, de nulle
application. Il nous importe donc de jeter un
regard, fût-il des plus rapides, sur ces deux
sciences presque jumelles, et de dire comment
on classe les roches et les minéraux, après avoir
dit comment on classait les terrains. L'histoire
de la terre ne serait-elle pas incomplète, et
presque dépourvue d'utilité, si nous n'essayions
d'arriver par elle à la nomenclature et à la con-

naissance intime des matériaux dont le globe est construit?

Les détails dans lesquels nous sommes entré en racontant la formation de notre planète, on cela d'avantageux, dans le cas qui nous occupe, de nous avoir fixés sur la véritable origine des pierres. Nous avons dit comment aux terrains éruptifs se rattachent les roches ignées, dont les laves de nos volcans modernes sont la dernière expression, et comment, au milieu des eaux, dans les terrains sédimentaires, ont été engendrées, la plupart du temps avec les débris, les détritus des roches ignées, les roches calcaires, argileuses, siliceuses. Nous avons dit comment, l'apparition des terrains éruptifs, ou la production de phénomènes analogues, ayant modifié, au contact ou sur une très-grande étendue, les terrains sédimentaires, ceux-ci s'étaient en quelque sorte métamorphosés, et comment s'étaient ainsi produits les schistes, les ardoises et d'autres roches transformées. Enfin, en étudiant les terrains que l'on pourrait appeler filoniens, nous avons montré qu'une nouvelle classe de roches s'était déposée dans les cavités et les

fissures des terrains précédents, à la faveur de
certains phénomènes assez complexes, qui présentent quelquefois simultanément des caractères éruptifs, sédimentaires et métamorphiques. Ces dernières roches qui forment le rem-
plissage des filons, sont surtout des substances
métallifères et quelques matières stériles, pierreuses.

Ainsi s'explique, de la façon la plus simple,
l'origine de toutes les pierres, de tous les minéraux. Si nous avons été bien compris, aucun cas
ne peut plus rester douteux, et doit se rattacher
à l'un de ceux que nous venons d'indiquer. La
géologie a pénétré dans le laboratoire de la nature, et fait la lumière et la certitude là où il n'y
avait jadis que doutes, divagations et ténèbres.
N'admettait-on pas encore, au siècle dernier,
comme aux âges les plus innocents de la lithologie, que les cailloux poussaient? On avait imaginé un suc lapidifique, et ressuscité l'idée de
Démocrite et d'Aristote qui accordaient aux
pierres une âme végétative. A cette croissance,
sinon à cette âme des pierres, croyaient ferme-
ment et Tournefort et Linné lui-même. L'axiome

du grand Suédois est resté célèbre : *Lapides crescunt*, les pierres poussent. D'autres savants étaient allés plus loin dans leurs hypothèses: ils disaient que les pierres provenaient de germes comme les plantes, et ils prétendaient avoir découvert non-seulement les graines, mais encore les fleurs du corail.

Ne nous étonnons pas de ces faits. Quelques personnes admettent encore aujourd'hui la vie végétative des roches. Des joailliers parlent sérieusement des sucs auxquels sont dues les gemmes, et des archéologues assurent que c'est par suite de la croissance des pierres que le forum de Rome et les temples de l'Égypte et de l'Assyrie sont maintenant enfouis de plusieurs mètres sous le sol. Ceci rappelle l'explication d'Aristote qui, ayant ouï dire qu'on avait trouvé à l'île d'Elbe et dans les carrières de Paros, des outils enfouis sous le minerai de fer ou le marbre, citait victorieusement ces découvertes comme une des preuves les plus convaincantes de la croissance des pierres. Aristote, malgré sa lumineuse raison, manque parfois de sens critique, comme Pline, auquel ce défaut est fa-

milier, et qui n'a pas manqué aussi de **parler de**
la végétation des pierres. Il est vrai que pour
les anciens, qui n'avaient pas découvert la chimie, la véritable explication de certaines incrustations calcaires ou ferrugineuses était difficile à trouver.

Théophraste, l'élève préféré d'Aristote, ren-
chérit sur les idées du maître. Il divise, dans
son fameux *Traité*, les pierres en mâles et femelles, réservant, il est vrai, à ces dernières les
plus belles qualités, la beauté, la couleur, l'éclat.
Au moyen âge interviennent les alchimistes et
avec eux les pierres nobles et ignobles. On attribue à certains minéraux des influences favorables, à d'autres des influences malsaines. Les
uns chassent le mauvais œil, éloignent ou atti-
rent la foudre; d'autres rendent Vénus pro-
pice ou contraire. Pourquoi serions-nous surpris
de tout cela? Ces idées règnent encore chez bien
des gens, et c'est le devoir de la science de les
combattre, en faisant prédominer la vérité à la
place de l'erreur.

Certains de la véritable origine des roches, il
ne nous sera pas difficile de les classer. Nous les

diviserons, d'après les terrains dont elles proviennent, en quatre grandes classes : les roches
éruptives, sédimentaires, transformées et filoniennes. Les classes seront à leur tour subdivisées en familles, les familles en genres et les
genres en espèces et en variétés. Prenons un
exemple. Dans la classe des roches éruptives,
nous aurons, en procédant par ordre d'ancienneté, c'est-à-dire eu égard à l'époque d'apparition
des terrains, les familles granitiques, porphyriques, ophiolitiques, trachytiques et basaltiques.
A ces deux dernières se rattachent les laves de
nos volcans actuels.

La famille ophiolitique, pour prendre un terme
de la série, est celle des pierres que nous avons
aussi nommées les roches vertes, d'après les Anglais et les Allemands. Le mot ophiolitique (qui
vient des deux mots grecs, *ophis*, serpent, et
lithos, pierre), rappelle la couleur et jusqu'à un
certain point l'apparence de la plupart des roches de cette famille ; c'est comme qui dirait
pierres à l'aspect de peau de serpent.

La famille des roches vertes comprend les roches que les lithologistes nomment les diorites,

les euphotides, les serpentines, les ophites, les mélaphyres, les trapps. Par ces deux dernières les roches vertes donnent la main aux basaltes, comme par les premières elles se relient aux porphyres. Les diorites et les euphotides sont souvent appelés du nom de porphyres verts. A leur tour les porphyres passent souvent aux granites ou aux trachytes, de sorte que la série des granites aux basaltes est continue et même transgressive. Les roches granitiques et trachytiques sont de couleur claire; les porphyriques, ophiolitiques et basaltiques, de couleur foncée.

Les roches granitiques portent, dans leur désignation même, la marque de leur structure : elles sont grenues; les porphyriques sont souvent rouge de pourpre, comme le nom grec *porphyra* l'indique : c'est la couleur du porphyre antique; les trachytiques sont rudes au toucher (*trachys*, âpre); quant aux basaltiques, si les étymologistes disent vrai, le mot viendrait de trois racines d'une langue orientale qu'ils ne nomment pas, *ba*, *salt*, *es*, qui signifient fausse pierre de fer, explication que semble justifier

(sauf l'approbation des radicaux par les orientalistes officiels) et l'apparence et le poids des
basaltes.

Passons maintenant aux roches sédimentaires.

Ici, il n'est plus possible d'établir une distinction d'après l'âge géologique, car on trouve
souvent toutes les classes de roches dans une
même formation; il faut donc adopter une autre
base, et prendre par exemple la composition
minéralogique comme type de classification.
En partant de ce point de vue, nous trouvons
d'abord la famille des calcaires et celle des
gypses, c'est-à-dire des pierres à chaux et des
pierres à plâtre. Les principaux membres de
la famille des calcaires sont les marbres, qui
peuvent se polir; les dolomies, chargées de magnésie, etc.

Après les pierres gypseuses et calcaires viennent entre autres les pierres argileuses, dont le
type est la glaise plastique (les marnes sont des
argiles mêlées de calcaires); les pierres siliceuses, représentées par le cristal de roche
compacte ou quartz, le silex, le grès; les pierres

charbonneuses, parmi lesquelles on distingue
surtout la houille, le lignite et la tourbe.

Dans la grande classe des roches transfor
mées, nous saluons tout d'abord les pierres
schisteuses ou feuilletées, dont l'ardoise est un
des types les plus caractéristiques; et dans la
classe si intéressante et nombreuse des roches
filoniennes, — où nous faisons entrer toutes les
substances qu'on trouve en filons ou en amas,
— les minerais métalliques, qui composent la
famille la plus répandue de ce groupe. Ceux-
ci sont dits ferrifères, plombifères, argentifères, etc., suivant que le fer, le plomb, l'argent, y dominent.

Un arrangement méthodique des pierres,
même d'après la composition minéralogique,
souvent des plus complexes, est impossible à
obtenir. Haüy qui s'y connaissait bien, lui qui a
si minutieusement étudié les minéraux et découvert les lois de la cristallographie entrevues
par Romé de Lisle, Haüy nommait les roches les
incommensurables du règne minéral. Il indiquait
ainsi qu'une base positive manquait à leur classification, comme pour ces quantités qu'en ma-

thématique on nomme incommensurables, et qui, n'ayant aucune mesure commune avec l'unité, ne peuvent s'exprimer par aucun chiffre certain.

Après Haüy, deux autres grands minéralogistes, Al. Brongniart et Beudant, n'ont pas été plus heureux. Si nous rappelions ici quelques-unes des expressions qu'ils ont proposées pour classer et baptiser les pierres, nous n'aurions point, pas plus que lorsqu'il s'est agi des classificateurs géologiques, à les féliciter des mots nouveaux qu'ils ont essayé d'introduire dans la science; mais n'est-ce pas ici le cas de dire : « Que celui qui est sans péché leur jette la première pierre? » Plus prudent que ses prédécesseurs a été Dufrénoy. D'autres n'ont guère imité sa réserve, de sorte qu'aujourd'hui la nomenclature des pierres et des minéraux est devenue, non moins que celle des terrains, unamas de mots confus, et un dédale où chacun se perd.

Il nous faut néanmoins faire une incursion momentanée dans le domaine des minéraux, car ils sont les éléments constitutifs des roches, comme celles-ci des terrains.

Analysés par les procédés du laboratoire, les minéraux se résolvent en un petit nombre d'éléments jusqu'ici indécomposables et qu'on nomme les corps simples. Ceux-ci sont aujourd'hui au nombre de soixante-cinq.

La nomenclature de tous les corps simples ou des corps supposés tels, jusqu'à présent connus, peut offrir un certain intérêt. Nous en donnons ci-après la liste alphabétique. Nous inscrivons à côté de chaque corps le signe symbolique par lequel on est convenu de le représenter dans les formules et les notations chimiques, et le nombre qu'on appelle son équivalent ou son poids atomique, c'est-à-dire la quantité de ce corps qui, comparée à l'un des corps simples pris pour unité (c'est ici l'hydrogène), entre dans les combinaisons. L'équivalent ou poids atomique est bien nommé : les corps simples se combinent entre eux suivant des poids constants, et l'équivalent représente en quelque sorte le poids de l'atome des corps. Le chef actuel de la chimie française, M. Dumas, a calculé avec un soin particulier la plupart des équivalents.

TABLEAU

DE TOUS LES CORPS SIMPLES CONNUS EN 1864.

NUMÉROS d'ordre.	NOMS.	SYMBOLES.	POIDS atomique.	OBSERVATIONS
1	* Aluminium......	Al.	13,75	
2	* Antimoine.	Sb. [1]	122,00	[1] Du latin *stibium*.
3	* Argent.........	Ag.	108,00	
4	* Arsenic........	As.	75,00	
5	* Azote..........	Az.	14,00	
6	* Barium.	Ba.	68,50	
7	* Bismuth	Bi.	210,00	
8	* Bore..........	Bo.	10,50	
9	* Brome........	Br.	80,00	
10	Cadmium........	Cd.	56,00	
11	* Calcium........	Ca.	20,00	
12	* Carbone........	C.	6,00	
13	Cerium.	Ce.	47,25	
14	* Chlore.........	Cl.	35,50	
15	* Chrome........	Cr.	26,00	
16	* Cobalt.........	Co.	29,50	
17	Cæsium........	Cæ.	»	
18	* Cuivre.........	Cu.	31,75	
19	Didyme........	D.	49,60	
20	Erbium........	Er.	»	
21	* Étain..........	Sn. [2]	59,00	[2] Du latin *stannum*.
22	* Fer...........	Fe.	28,00	
23	* Fluor..........	Fl.	19,00	
24	Glucinium.......	Gl.	6,95	
25	* Hydrogène......	H.	1,00	
26	Indium.........	In.	»	
27	* Iode	I.	127,00	
28	Iridium.........	Ir.	98,50	
29	Lanthane........	La.	48,00	
30	Lithium........	Li.	7,00	

NUMÉRO d'ordre.	NOMS.	SYMBOLES.	POIDS atomique.	OBSERVATIONS.
31	Magnésium......	Mg.	12,00	
32	Manganèse......	Mn.	27,50	
33	Mercure........	Hg. [1]	100,00	[1] Du latin *hydrargyrus*, vif-argent.
34	Molybdène......	Mo.	48,00	
35	Nickel.........	Ni.	29,50	
36	Niobium........	Nb.	»	
37	Or.............	Au. [2]	98,50	[2] Du latin *aurum*.
38	Osmium.........	Os.	99,50	
39	Oxygène........	O.	8,00	
40	Palladium......	Pd.	53,25	
41	Pelapium.......	Pp.	»	
42	Phosphore......	Ph.	31,00	
43	Platine........	Pt.	98,50	
44	Plomb..........	Pb.	103,50	
45	Potassium......	K. [3]	39,20	[3] Du latin *kalium*, ou mieux de l'arabe *kali*.
46	Rhodium........	Rh.	52,16	
47	Rubidium.......	Rb.	»	
48	Ruthenium......	Ru.	52,16	
49	Selenium.......	Se.	39,75	
50	Silicium.......	Si.	14,00	
51	Sodium.........	Na. [4]	23,00	[4] Du latin *natrium*.
52	Soufre.........	S.	16,00	
53	Strontium......	St.	43,75	
54	Tantale........	Ta.	92,29	
55	Tellure........	Te.	64,50	
56	Terbium........	Tr.	»	
57	Thallium.......	Tl.	»	
58	Thorium........	Th.	59,50	
59	Titane.........	Ti.	25,00	
60	Tungstène......	W. [5]	92,00	[5] De l'allemand *wolfram*, minerai du tungstène.
61	Uranium........	U.	60,00	
62	Vanadium.......	Vn.	68,46	
63	Yttrium........	Y.	32,20	
64	Zinc...........	Zn.	32,75	
65	Zirconium......	Zr.	66,00	

Nous avons marqué d'un astérisque les corps simples les plus répandus. On voit qu'ils ne forment que la moitié de la liste de tous les corps connus. Cela nous met loin toutefois des quatre éléments des anciens : l'air, l'eau, la terre et le feu, dont on supposait, il n'y a pas encore longtemps, qu'avait été formé le monde, et dont aucun ne représente un corps simple. Le feu même n'est pas un corps, ce n'est que le phénomène résultant de la combustion d'un corps qui se combine avec l'oxygène de l'air, et se gazéifie en passant à une très-haute température.

Un coup-d'œil jeté sur la colonne des poids atomiques montre que, principalement pour les corps les plus répandus et partant les mieux déterminés, presque tous ces nombres sont entiers et par suite des multiples exacts de l'hydrogène, le plus léger de tous ; que par conséquent celui-ci représente peut-être la grande monade, l'unique atome dont toutes les substances, organiques ou inorganiques, sont composées. Cette idée n'a rien de paradoxal, et bien qu'elle rappelle quelque peu celle des alchimistes qui croyaient à la transmutation des corps, elle est partagée aujourd'hui par les plus illustres savants, M. Dumas à leur tête.

Si la moitié à peine de tous les corps simples connus entre communément dans la composition des substances terrestres, à quoi bon les autres, eu égard à la sage économie dont la nature fait preuve dans toutes ses conceptions? Très-probablement, ils ne sont que des modifications des premiers, et tous ensemble ne représentent sans doute que les diverses manières d'être, de se grouper, d'un seul et même atome, peut-être l'hydrogène, origine de tous les minéraux.

Les corps simples, s'il n'y en a pas qu'un seul, doivent être dans tous les cas en très-petit nombre. Cela n'empêche pas que les combinaisons qu'ils présentent en s'unissant entre eux ne soient infinies, comme le démontre l'inépuisable variété de toutes les substances animales et végétales, où la chimie ne découvre guère que quatre éléments: l'oxygène, l'hydrogène, l'azote et le carbone, dont les trois premiers sont gazeux. Les autres corps qui se marient à ceux-là

tiennent bien peu de place. Ce n'est plus la moitié mais le quart de tous les corps simples connus, c'est-à-dire seize sur soixante-cinq, qui
entrent dans la composition de tous les corps organisés. C'est à peine si le phosphore, le calcium
et le fluor, principes des os ; le fer, le soufre,
qu'on trouve dans le sang, entrent dans la formation des substances animales. Chez les plantes, on trouve en outre le potassium, le sodium,
l'aluminium, le chlore, le silicium, et quelques
autres : c'est là tout. Et ce petit nombre d'éléments a servi à former les cent mille espèces de
plantes, et les deux cent mille espèces d'animaux, aux types si divers, qui peuplent le
globe ! Il est vrai qu'en ce cas il intervient une
force particulière, encore bien peu connue, la
force vitale, ou pour l'appeler de son nom, la
vie.

La vie ! c'est ce qui manque aux minéraux. Et
cependant ils ont, eux aussi, une forme invariable, toujours la même pour chacun d'eux,
offrant les mêmes angles, les mêmes faces :
c'est le cristal, forme probable de l'atome, c'est-
à-dire du dernier élément auquel un corps peut

se résoudre. L'atome est indivisible, problème insondable ! C'est par la juxtaposition des atomes que se forment les minéraux, toujours semblables à eux-mêmes dans toutes leurs parties, ce qui les différencie des espèces animales et végétales formées d'organes variés. Les formes cristallines des corps inorganiques, réduites à leur plus simple expression, se résument en un petit nombre, six au plus, d'une simplicité géométrique étonnante. Ce sont des cubes, des prismes quadrangulaires, droits ou obliques. Ces six formes sont peut-être celles de six atomes élémentaires, si ce n'est pas d'un seul et même germe que procèdent tous les minéraux.

Il semble donc prouvé que le nombre des corps simples, s'il ne se réduit pas à l'unité, est plus restreint que ne l'admet la chimie moderne. Les chiffres qui servent à désigner les équivalents, si l'on sait les interroger, démontrent clairement le fait, et révèlent les futures découvertes de la science quand les procédés de nos laboratoires seront encore plus perfectionnés qu'aujourd'hui. Pour n'en citer que deux exemples qui se fondent en un, l'iridium et l'osmium, frères du platine, ayant les mêmes propriétés, trouvés dans les mêmes placers que lui, ont, on peut dire, le même équivalent. Le palladium, le rhodium et le ruthénium, qui jouissent des mêmes qualités physiques que les précédents, ont chacun un équivalent qui est moitié environ de celui du platine, et pèsent aussi moitié moins. Cela ne semble-t-il pas clairement indiquer que ces cinq corps, l'iridium, l'osmium, le palladium, le rhodium et le ruthénium, ne sont que des modifications d'un seul et même métal, le platine, et que, pour ce cas spécial, six corps regardés comme simples se réduisent évidemment à un seul ? Allons plus loin : le platine, qui a le même équivalent que l'or, avec lequel il a d'ailleurs tant d'analogies, si bien qu'on le rencontre inévitablement dans tous les gîtes aurifères d'alluvion, le platine n'est-il pas simplement de l'or sous un nouvel aspect ?

Il ne faudrait pas croire que les faits que nous avons relevés pour le platine et les métaux ses cousins, soient isolés. Les mêmes observations pourraient s'appliquer à l'aluminium et au magnésium d'une part, et d'autre part au fer, au

chrome, au nickel, au cobalt. Dans les deux cas,
ces métaux ont sensiblement le même équivalent, et de plus les chimistes les rangent dans
une même famille, comme des métaux doués
de propriétés analogues. Nous ne voulons pas
varier davantage ce genre d'observations; le
tableau des équivalents est dressé pour le lecteur qui voudra pousser plus loin, mais qui
devra se tenir en garde contre quelques analogies qui ne sont qu'apparentes, celles qu'offrent
par exemple l'azote et le silicium.

Les chimistes divisent les corps simples en
deux classes : les métaux et les métalloïdes. Les
premiers sont opaques, ont un éclat particulier,
se laissent facilement traverser par la chaleur
et l'électricité. Les seconds, au nombre desquels
sont les corps simples gazeux, ne possèdent généralement aucune de ces propriétés. On compte
quinze métalloïdes, et par conséquent cinquante
nétaux.

Un métalloïde a une avidité particulière pour
ous les autres et pour tous les métaux : c'est
i'oxygène. Il se combine volontiers avec tous
les corps. On appelle oxydes les composés les

moins oxygénés qui en résultent, et acides (à cause de leur saveur habituelle) les plus oxygénés. Les oxydes sont généralement métalliques. La combinaison des acides avec les oxydes donne les sels. Presque tous les corps de la nature sont ou des oxydes ou des sels. L'eau est un oxyde d'hydrogène. Parmi les sels, les plus répandus sont les silicates, combinaison de l'acide silicique avec un métal facilement oxydable, tel que le potassium, le sodium, etc., qui brûlent spontanément à l'air ou dans l'eau; après viennent les carbonates, combinaison de l'acide carbonique avec d'autres métaux presque aussi oxydables, le calcium, le magnésium, etc. Les silicates sont de la nature des verres, des cendres, des scories. Le carbonate de beaucoup le plus commun est le carbonate de chaux. On peut donc dire que des cendres durcies et une croûte de pierre à chaux composent essentiellement l'enveloppe solide du globe, ce que l'histoire de la terre nous avait déjà appris, et ce que la chimie nous explique.

Sans aller plus loin, on comprend maintenant

comment la chimie moderne pouvait seule permettre à la géologie d'entrer dans le domaine
des faits positifs. Sans la chimie, on ne saurait
en effet se rendre compte de l'origine et de la
composition des roches et des minéraux ; et les
découvertes de Lavoisier étaient non moins indispensables que la théorie de Laplace pour fonder d'une manière définitive la science des
pierres et celle des terrains.

La nomenclature chimique, ce modèle si
parfait de langue universelle et méthodique,
pourrait prêter un grand secours à la classification des minéraux, si ceux-ci étaient simples ou
seulement composés d'un petit nombre d'éléments comme les corps que la chimie combine ;
mais il n'en est point ainsi. La nature, artiste
infatigable, aux merveilleuses conceptions, ne
s'est pas contentée de produire des corps simples, puis des combinaisons binaires ou multiples, les oxydes, les chlorures, les sulfures, les
silicates, les carbonates, les sulfates, etc. Dans
son laboratoire, elle a procédé sur un plan à
la fois si grandiose et si varié, qu'elle déroute la
chimie des hommes. Tous les savants se sont

perdus dans leurs essais de classification minérale, et dans ce cas, de même que dans les
classifications géologiques et lithologiques, une
langue rationnelle reste à trouver.

Les anciens se bornaient à voir dans les minéraux des pierres, des terres, des sels, des
combustibles et des métaux. Cette classification
était même encore, au siècle dernier, celle
du grand Werner, ce Socrate de la minéralogie, comme l'appelèrent les Italiens. Et la
science avait en effet besoin de son Socrate ; car
au temps de Werner on croyait toujours aux
minéraux nobles et ignobles, et aux pierres
mâles et femelles !

Les pierres, les terres, les sels, les combustibles et les métaux, auxquels il faut joindre,
pour avoir une nomenclature complète, les liquides et les gaz, tels sont donc, — si nous nous laissons guider par les anciennes classifications, et
c'est ici ce qu'il y a de mieux à faire, — les sept
membres principaux de la grande tribu minérale.
Les pierres comprennent toutes les roches solides proprement dites dont nous avons parlé, et
les reines du monde souterrain, les pierres pré-

cieuses; les terres, toutes les roches tendres ou
désagrégées, dont les deux types extrêmes sont
l'argile et la terre végétale. En tête des substances salines est le sel par excellence, le sel
gemme. Parmi les combustibles minéraux se rangent d'abord tous les charbons fossiles, quels
qu'ils soient, puis le soufre, le bitume. Les
substances métalliques terrestres sont les minerais, dont l'industrie métallurgique tire un si
grand parti. Restent les liquides et les gaz. Le
premier des liquides naturels est l'eau, plus ou
moins minéralisée; il y a aussi le pétrole ou huile
de pierre, qui fait en ce moment la fortune des
États-Unis. Enfin, parmi les gaz, il faut distin-
guer surtout l'air qui enveloppe le globe, et les
hydrogènes carbonés souterrains, gaz combustibles, qu'en Chine on va chercher jusqu'à de très-
grandes profondeurs, comme une source inépuisable de calorique et de lumière.

L'histoire de la civilisation est inscrite tout
entière dans l'histoire des minéraux. Place
d'abord à la terre végétale, la grande nourri-
cière du genre humain. L'argile a donné naissance à la céramique, et les sels ont créé la

peinture et la teinture en servant à fixer les couleurs ou en étant eux-mêmes des couleurs. Des minerais métalliques sont sortis les métaux base de tout progrès. L'enveloppe liquide du globe, la mer, concurremment avec l'enveloppe gazeuse, l'atmosphère, a été l'origine de la navigation. Un phénomène physique, un défaut d'équilibre de l'air momentanément ou régulièrement troublé, a engendré le vent, et en lui une force motrice gratuite dont l'homme a su bien vite profiter.

Les eaux douces ou continentales jouent aussi un rôle marquant. C'est d'abord celui d'entretenir la vie ; rôle qu'elles partagent avec l'atmosphère. En outre, les fleuves sont des chemins qui marchent, plus économiques que les voies ferrées elles-mêmes, et des machines toutes prêtes à fonctionner. Mais l'homme ne s'est pas contenté de tant d'avantages que la nature a mis gratuitement à son service. Quand l'eau manque à la surface, il va la chercher sous le sol. Le liquide jaillit en gerbes artésiennes qui fécondent les champs, arrosent et alimentent les villes, où elles distribuent aussi le calorique, quand elles viennent de lieux assez profonds; enfin les mêmes eaux servent de force motrice aux usines.

Là ne se bornent pas les services que nous rendent les minéraux. On connaît les miracles que les combustibles fossiles ont permis à notre époque de réaliser : nous leur devons la machine et les bateaux à vapeur et la locomotive; c'est tout dire. Et aux pierres, aux vraies pierres, que ne leur doit-on pas aussi, à un autre point de vue? Les plus belles, les gemmes, par l'éclat et le reflet qui les distinguent, par le poli qu'elles peuvent recevoir, par la dureté qui leur est propre et qui leur permet de conserver indéfiniment la trace du burin, ont donné naissance à la gravure et sont venues en aide à tous les arts décoratifs. Les plus modestes, les pierres de construction, n'ont-elles pas permis à leur tour d'édifier la demeure de l'homme? N'ont-elles pas été successivement l'origine de l'architecture et de la sculpture? C'est peut-être à elles qu'on doit le plus. Il n'est rien en ce monde de petit ni d'infime : un caillou bien exploité peut faire la fortune d'un État ou donner naissance à tout un pays.

« Chaque minéral, disait Cuvier, faisant l'éloge du grand minéralogiste allemand Werner, chaque minéral peut recevoir quelque emploi, et de sa plus ou moins grande abondance dans chaque lieu, du plus ou du moins de facilité qu'on trouve à se le procurer, dépendent souvent la prospérité de chaque peuple, ses progrès dans la civilisation, tous les détails de ses habitudes...

« La Lombardie n'élève que des maisons de briques, à côté de la Ligurie qui se couvre de palais de marbre. Les carrières de travertin ont fait de Rome la plus belle ville du monde ancien; celles de calcaire grossier et de gypse font de Paris l'une des plus agréables du monde moderne. Mais Michel-Ange et le Bramante n'auraient pu bâtir à Paris dans le même style qu'à Rome, parce qu'ils n'y auraient pas trouvé la même pierre; et cette influence du sol local s'étend à des choses bien autrement élevées. »

Et Cuvier, continuant, dévoilait dans un magnifique langage cette action de la pierre sur l'homme que nous avons déjà si souvent remarquée.

« A l'abri, disait-il, des petites chaînes calcaires inégales, ramifiées, abondantes en sources, qui coupent l'Italie et la Grèce ; dans ces charmants vallons, riches de tous les produits de la nature vivante, germent la philosophie et les arts : c'est là que l'espèce humaine a vu naître les génies dont elle s'honore le plus, tandis que les vastes plaines sablonneuses de la Tartarie et de l'Afrique retinrent toujours leurs habitants à l'état de pasteurs errants et farouches. »

Par quel aperçu plus lumineux, par quel tableau mieux choisi aurions-nous pu finir cette étude des pierres et du rôle qu'elles jouent autour de nous ?

CHAPITRE XI.

L'ÉTUDE DES TERRAINS.

Utilité et importance de la géologie pratique. — Les explorations. — Le géologue doit voyager à pied. — Vêtements. — Instruments. — Marteaux, boussole, baromètre. — Connaissance des roches, des terrains. — Cartes et coupes géologiques. — Intérêt des excursions. — Idées que provoque le spectacle de la nature.

Considérée au point de vue de ses applications pratiques, la science de la terre porte le nom de géologie. La géologie sépare, classe, dissèque en quelque sorte les masses minérales solides dont le globe est constitué ; on peut dire qu'elle fait l'anatomie des terrains.

Il est peu de sciences d'un intérêt plus général et plus immédiat. La géologie est la sœur jumelle de la géographie ; elle est aussi l'auxiliaire indispensable de la plupart des sciences appliquées. L'ingénieur, dans la découverte et l'exploitation des minéraux usuels, surtout de la houille et des substances métalliques, dans la recherche des eaux souterraines, dans l'établissement des voies de communication, routes de erre, chemins de fer ou canaux, s'inspire des leçons de la géologie. L'agronome, le sylviculteur, empruntent également à cette science quelques-unes de ses données : nous savons que la terre végétale n'est presque entièrement formée que des débris de roches préexistantes et encore en place. Le topographe, pour la levée des cartes ; le militaire, pour l'assiette des camps, l'attaque ou la défense des places ; le marin, pour la reconnaissance des côtes, des atterrissages, des aiguades (endroits où l'on fait de l'eau), et pour l'exploration de pays encore vierges, ont tous quelque besoin de la géologie. On peut en dire autant du chimiste pour l'appréciation exacte des substances inorganiques, et du médecin pour celle des eaux minérales. La nature géologique d'un pays est d'ailleurs quelquefois liée à ses maladies endémiques.

L'artiste lui-même peut recourir à la géologie avec avantage : le peintre, pour mieux définir

ses paysages, où le sol joue un rôle important,
souvent mal interprété faute de données suffisantes; le sculpteur, pour mieux choisir ses
marbres, et l'architecte, est-il nécessaire de le
dire? pour arriver à cette connaissance intime
des matériaux de construction et de leur gisement, qui est comme le préliminaire du grand
art de bâtir.

La géologie pratique s'exerce sur le terrain,
en rase campagne. Dans de telles conditions,
l'hygiène du corps et de l'âme se ressentent
également bien de cette étude. En nous rapprochant des grands spectacles de la nature,
en nous faisant vivre au milieu des hautes montagnes, des profondes vallées et de leurs populations primitives, les courses géologiques
donnent au corps et à l'esprit comme une trempe
vigoureuse. On rajeunit à cette forte discipline.
Plus que septuagénaires, les Brongniart, les
Cordier, dont le Muséum de Paris déplore la
perte, avaient encore, comme ils le disaient eux-
mêmes, le pied géologue. Le doyen des savants
de notre temps, à quatre-vingt-cinq ans passés,
M. d'Omalius d'Halloy, fait encore de longues

excursions. Chargé en Belgique, son pays, d'une des plus hautes fonctions que puisse remplir un citoyen, il trouve le temps de mêler la science à la politique, et de joindre, cela peut se dire ici sans image, les fatigues du corps à celles de l'esprit.

L'exploration des terrains, tel est donc le but de la géologie pratique, comme les théories sur leur formation résument la géologie spéculative. Toute science offre ces deux aspects, elle est à fois théorique et pratique. La philosophie, par l'étude de l'âme, conduit à la morale.

Nous venons de dire à quelles applications l'ingénieur, l'agronome, l'architecte, pouvaient arriver par la connaissance de l'histoire de la terre. Le champ de ces applications se développe par un examen intime des terrains dans chaque localité. Il est donc bon de résumer ce livre par quelques détails sur les excursions géologiques. De même que des leçons de botanique doivent en finissant donner le mode d'herboriser, nous allons dire à notre tour comment on fait l'étude des terrains et la chasse aux échantillons.

La première condition que doit remplir l'ami des pierres, pour appliquer en plein air les enseignements de la géologie, c'est d'être bon marcheur. Le géologue ne va pas à cheval et encore moins en voiture ou en chemin de fer, si ce n'est pour gagner le lieu de ses explorations ou revenir au logis. Il ne faut pas faire comme ce savant italien qui, au retour d'un voyage en Autriche, rédigeait un mémoire portant ce titre : « Observations géologiques que l'on peut faire sur le chemin de Naples à Vienne. » Fût-il monté sur l'impériale de la diligence, il n'avait pu rien voir, et avait dû être plus d'une fois induit en erreur par l'apparence, si souvent trompeuse, des roches et des terrains.

Le géologue voyagera donc toujours à pied. Ses vêtements devront être simples et ne provoquer en aucune façon la curiosité des campagnards. Il se vêtira comme le chasseur. Il portera de gros souliers munis de clous et des guêtres en cuir ; sur le dos, une carnassière pour loger les instruments et les cailloux. Des lunettes bleues pour garantir la vue en été et dans l'excursion des glaciers sont d'un usage indispensable, non moins que la canne à pointe ferrée et à marteau d'acier pour aider la marche ou attaquer le roc. Autour de la taille, il sera bon d'avoir une ceinture pour passer au besoin les marteaux; enfin le chef sera garanti par un chapeau mou, à larges bords. Les habits seront de laine forte en hiver, de toile ou mieux de laine douce en été, et dans les deux cas, commodes et larges. Là-dessus, d'ailleurs, chacun consultera ses goûts et les habitudes du pays où il se trouve. Le grand géologue allemand, Léopold de Buch, qui a été avec Humboldt le plus célèbre des disciples de Werner, ne voyageait jamais sans son parapluie.

Les instruments seront peu nombreux. Il en est toutefois que l'on ne saurait oublier; tels sont, en première ligne, les marteaux, ciseaux et pics à pointe aciérée. Les marteaux seront de diverses formes et de diverses grosseurs : ceux-ci servent seulement à casser, ceux-là à échantillonner les pierres. Un des côtés de la tête est carré, l'autre pointu ou en biseau. Le manche, assez long, doit tenir bien dans la main. Comme

l'on est souvent accompagné d'aides et de porteurs, on pourra les charger d'un fleuret à
mine et d'une pince pour faire éclater et pour
soulever la roche. Ces outils seront d'un grand
secours et permettront d'aller surprendre, jusque dans leur cachette la plus obscure, les
beaux échantillons ou fossiles qui ne se montrent
pas volontiers. Si l'on doit traverser des fourrés,
des taillis épais, des maquis, bois de bruyères
et d'arbousiers à hauteur d'homme, comme il en
est de si vastes en Toscane et en Corse, on fera
bien de se munir d'une hache pour ouvrir son
chemin. Dans tous les cas, le couteau du chasseur et du jardinier, à plusieurs lames, muni
d'une scie, d'une serpette, ne devra pas être
oublié.

Si la carnassière ne suffit pas, on pourra
mettre les échantillons dans un double sac à
filet. Le sac est porté sur le dos, tombant de
chaque coté des épaules, ce qui fait contre-poids.
Cela rappelle un peu la besace des frères men-
diants; mais c'est une besace à jour.

Du papier d'emballage est indispensable pour
envelopper les échantillons. Chaque pierre doit

être soigneusement étiquetée et mise à part ;
pour être reconnue. Il faut surveiller les porteurs. Tel de ces hommes que l'on a engagé en
passant au village voisin, jette volontiers les
pierres qu'on lui remet. Au retour, il en ra-
masse d'autres à l'entrée du village, s'imaginant que c'est la même chose, et vous regardant comme un fou de prendre tant de peine
à collectionner des cailloux.

Pour étudier les échantillons, la loupe et un
flacon d'acide nitrique ou eau-forte sont indispensables. L'eau-forte révèle instantanément les
roches calcaires. Dès qu'une goutte en est ver-
sée sur la pierre, il se produit un mouvement
tumultueux comme celui des eaux gazeuses
qu'on débouche. L'acide qui se dégage est
du reste le même dans les deux cas; c'est
l'acide carbonique, qui s'empresse ici de cé-
der la place à un acide violent. Aucune autre
roche que les calcaires ne jouit de cette propriété.

L'eau-forte étant très-volatile et attaquant
impitoyablement la peau et les vêtements, il
faut avoir recours à des moyens de fermeture

particuliers. Le bouchon, usé à l'émeri, sera
surmonté d'un chapeau en cristal, et le flacon
enfermé dans un étui en buis à couvercle vissé.
C'est assez de cet incommode compagnon. Aussi
n'emporterons-nous pas avec nous la balance ni
l'éprouvette graduée, pour déterminer la densité ou poids spécifique des roches, non plus
que le chalumeau ou tube d'essayeur. Il vaut
mieux laisser ces appareils au logis pour des
déterminations exactes qu'on ne manquera pas
de faire au retour.

L'explorateur consciencieux ne se contente pas
de recueillir et de déterminer des échantillons;
il relève aussi quelques éléments généraux sur
le terrain. La boussole de poche, munie d'un
demi-cercle vertical gradué, auquel est lié un
indicateur mobile, servira à prendre les angles
de direction et d'inclinaison des couches, et
avec le mètre ou mieux un rouleau divisé, on
mesurera la puissance ou épaisseur des différentes assises. Une lunette d'approche, pour étudier le terrain à distance et juger, si faire se
peut, de la nature des parties inaccessibles;
un appareil photographique et, à défaut, une

chambre claire, pour prendre aussi exactement
que possible les détails d'un paysage géologique,
seront fort utiles à ceux auxquels le dessin n'est
pas familier, et qui sont embarrassés pour dresser rapidement un croquis.

Dans un pays nouveau, non encore exploré,
on pourra aussi, au moyen de la boussole, faire
quelques levés à vue assez exacts; mais la
plupart du temps, dans nos contrées, les cartes
cadastrales ou celles de Cassini et de l'état-
major serviront pour tous les besoins. Si
l'explorateur, comme cela arrive quelquefois,
avait à dresser des cartes topographiques en
même temps que géologiques, le sextant ou
tout autre appareil précis pour la mesure des
angles et des hauteurs lui serait indispensable,
ainsi que la chaîne ou le cordeau pour la mesure
des bases de sa triangulation.

Les instruments météorologiques sont presque indispensables au géologue : le thermomètre, pour l'indication des températures, soit
de l'air, soit des sources, soit des caverne ;
l'hygromètre, pour mesurer le degré d'humidité
de l'air ; le baromètre, pour connaître les varia-

tions du temps et la mesure des hauteurs. Le
baromètre à mercure, si exact dans ses indica-
tions, est d'un mauvais emploi en campagne,
car il se casse presque toujours, et exige des
lectures assez longues. On préférera le baromètre métallique, dit anéroïde ou holostérique,
dont on fait aujourd'hui de très-petits modèles
fort exacts. Ce baromètre est le meilleur instrument qu'on puisse appliquer, en marchant, à la
mesure des hauteurs. S'élève-t-on de dix mètres,
on voit l'aiguille de l'anéroïde descendre d'une
division, et l'on obtient ainsi, dans les ascensions de montagnes, l'indication du niveau que
l'on a atteint, à quelques mètres près. Cette
approximation est plus que suffisante dans la
plupart des excursions.

L'hygromètre n'est guère plus portatif que le
baromètre à mercure. L'hygromètre à cheveu de
Saussure n'est pas exact et ne peut se trans-
porter facilement. Les hygromètres à boules
de Daniell, de Regnault, sont des instruments
de laboratoire ; en campagne, le psychromètre
d'August (où l'on obtient le degré d'humidité
de l'air par les différences d'indication d'un

thermomètre sec et d'un thermomètre mouillé), est préférable. On fait aussi depuis quelque temps des hygromètres à cheveu sur le modèle des baromètres anéroïdes. Une aiguille qui se meut sur un cadran (le cheveu est enfermé dans une boîte), indique le degré d'humidité de l'air. Cet élément est souvent utile à connaître. Dans ses explorations, le géologue ne doit pas du reste négliger les études météorologiques, car il est à même d'en faire quelquefois sur des lieux fort peu accessibles, et où nul ne vient opérer que lui.

Le but des courses géologiques est la reconnaissance des terrains et des roches qui les composent. Celles-ci n'ont bientôt plus de secrets pour le géologue. Dans l'ordre des roches sédimentaires, ce sont les calcaires, qui font effervescence avec les acides ; les gypses, qui ne jouissent pas de cette propriété, mais se rayent facilement à l'ongle; les argiles, qui happent à la langue; les grès aux grains durs, rayant le verre; les houilles, qui brûlent au feu ; les ardoises, à la teinte, à l'allure caractéristique; les schistes, satinés, lustrés, qui se

divisent en feuillets comme les ardoises; et dans
l'ordre des roches éruptives, les granites, où
brillent ensemble le quartz, le feldspath et le
mica; les porphyres, à la pâte feldspathique
sombre mêlée de cristaux de feldspath blanc;
la famille si variée des ophiolites aux tons
verts; les trachytes, poreux, âpres au toucher;
les basaltes, noirâtres, bulleux, semés de cristaux verdâtres de péridot-olivine, et souvent divisés en prismes ou en colonnes naturelles. Toutes ces roches se révèlent nettement, avec leurs
apparences tranchées, aux yeux de l'observateur.
Les roches métalliques, par leur couleur et
leur poids, trahissent aussi le plus souvent les
métaux qu'elles contiennent. La main et l'œil
exercé du praticien devinent même la quantité
approximative du métal qui y est principalement
combiné, ce qu'on nomme le titre du minerai.
Toutefois, pour quelques substances, un premier
essai de laboratoire est indispensable; mais qui
ne reconnaîtrait le fer, qui se dévoile par le ton
de la rouille; le cuivre, par celui du vert-de-gris
ou du laiton; le mercure, par celui du vermil-
lon; le plomb, par une couleur gris bleuâtre;

l'or et l'argent, par un aspect et un éclat particuliers ?

Le géologue confirme, dans le cabinet, toutes les prévisions recueillies sur le terrain. Il a d'ailleurs souvent un autre but que des recherches purement minéralogiques ou industrielles : c'est de reconnaître, de classer les formations qu'il a parcourues. Alors commence l'étude des grandes lignes de stratification orientées d'une manière différente suivant les terrains, mais orientées sur des lignes fixes, que M. Élie de Beaumont a le premier découvertes et mathématiquement déterminées pour chaque cas.

Les géologues plus paléontologistes que stratigraphes n'invoquent pas les azimuts des couches, et se livrent de préférence à la grande chasse aux fossiles. Ici ce sont les trilobites, propres aux terrains primaires; là, les empreintes de fougères ou de calamites qui annoncent les terrains houillers. Dans les formations secondaires, l'ammonite règne en souveraine, et quelques coquilles, comme les gryphées arquées, de la famille des huîtres, marquent la base du terrain jurassique, ce que l'on nomme le lias. Les hippurites sont cantonnées dans le terrain crétacé ; les nummulites, à la base du terrain éocénique. Dans ce terrain, on trouve également les premiers os des grands mammifères. Les quadrupèdes primitifs remontent, en se modifiant, dans les terrains supérieurs, et pénètrent, en se transformant encore, dans le système quaternaire, où le terrain diluvien renferme avec leurs os ceux de l'homme primitif lui-même.

A des fossiles si caractéristiques, l'aspect lui-même des terrains vient en aide. Les formations inférieures sont composées de roches durcies, calcinées, aux strates ondulées et tourmentées, d'une puissance souvent gigantesque. Les schistes sont luisants, savonneux, pleins de talc et de mica ; les calcaires, sombres, pétris de polypiers. Le terrain carbonifère est reconnaissable à ses schistes noirs, à ses grès jaunâtres, pailletés de mica, à sa houille bitumineuse, étincelante.

Les formations moyennes sont mieux réglées que les primitives ; elles débutent par des étages de grès rouges qui caractérisent les terrains permien et triasique ; au-dessus viennent les marnes irisées, bariolées, et les épaisses assises du terrain jurassique, puis les grès verts et la craie blanche.

Dans les formations tertiaires, les assises sont moins puissantes, moins compactes, et rarement bouleversées ; enfin, dans les formations quaternaires, les roches sont presque toutes fort peu agglutinées, le plus souvent meubles, désagrégées, et l'épaisseur des assises n'est jamais comparable à celle des précédentes formations.

Ainsi les roches et les terrains se trahissent à la fois par tous leurs caractères aux yeux du géologue voyageur. Mais celui-ci ne se contente pas de les reconnaître d'une manière générale, il en suit tous les contours. Il remonte le long des ruisseaux, des ravins, étudie les tranchées naturelles ou artificielles qui existent le long des routes, des canaux, des voies ferrées, et aux flancs des montagnes ; c'est par ce moyen qu'il arrive, en reportant toutes ses observations sur le papier, à dresser ces cartes et ces coupes géologiques où les divers terrains sont représentés par des teintes variées, et qui

offrent souvent, si elles ont été dressées avec
soin, toute l'exactitude d'un véritable levé topo-
graphique. Ces coupes, ces cartes, sont d'un
continuel secours, et l'on peut même dire l'auxiliaire indispensable des praticiens pour la recherche et l'exploitation des mines et des carrières, les entreprises de sondages artésiens, le
tracé des grandes voies de communication, etc.

Telle est l'utilité de la géologie, telle se révèle
aux yeux de tous, par ses applications si variées, la science des terrains à laquelle conduit
l'histoire de la terre. Mais les explorations géologiques ont aussi un autre intérêt, d'un ordre
hygiénique et moral, et qu'il est bon de rappeler : nous savons combien on trempe les corps à
cette forte discipline, et combien elle élève
l'âme en la rapprochant des grands spectacles
de la nature.

Quelle variété, quel attrait n'offrent pas les
courses géologiques ! Ici, ce sont les glaciers
avec leurs moraines parlantes ; là, les filons
métalliques, perdus souvent aux plus grandes
altitudes, comme si la nature avait voulu faire
payer à l'homme le prix de ses faveurs. Plus

loin ce sont les roches éruptives, ces volcans
éteints des anciens âges, qui donnent tant de
cachet aux pays qu'ils ont soulevés, et qui renferment la clef de presque tous les phénomènes
qui ont présidé à la genèse de notre terre. Ailleurs ce sont les terrains sédimentaires, avec
leurs assises remplies de fossiles, feuillets des
premières archives du globe, feuillets déchirés,
épars, mais que l'homme a su rassembler, et
où il a pu lire avec étonnement les diverses
transformations de la vie depuis l'apparition du
premier être. A chaque pas, dans ces transformations successives, est écrite l'histoire du progrès, et d'un progrès continu, sans hésitation,
sans tâtonnements.

Quelle grandeur, quelle simplicité dans la
formation graduelle de la terre ! Et quand on
songe que tout cela ne s'est pas fait seulement
pour notre planète, mais que toutes ont une
vie, une histoire analogue à la nôtre, que cette
histoire continue à se dérouler, on est effrayé
du peu de place qu'occupe dans le monde l'espèce humaine. On se demande d'où l'homme
vient, où il va, éternel et mystérieux problème

auquel nulle solution n'a pu encore définitivement répondre. On se demande qui a ainsi réglé et prévu toutes choses, qui a imposé à la matière ces lois immuables ; et, ne pouvant saisir un fil pour se guider dans ce labyrinthe, on se recueille muet dans l'étonnement et la contemplation !

CHAPITRE XII.

Je voudrais terminer tout ce qui a été dit par
une étude de géologie locale. De cette façon,
ceux qui ont bien voulu me suivre jusqu'ici join-
draient la pratique à la théorie, et verraient,
par une application immédiate, se confirmer les

divers enseignements de ce petit livre. Je choisirai le bassin de Paris comme une des localités les plus intéressantes que puisse interroger le géologue.

Le bassin au milieu duquel s'élève Paris forme comme un immense golfe mis à sec et s'ouvrant du côté de la Manche. Par le travers, une large échancrure, sensiblement dirigée du sud-est au nord-ouest, représente le lit de la Seine. Sur le contour resté fermé, vers Meudon, se profile comme un rivage qu'on devine çà et là aux larges taches blanches qu'il découpe sur le sol : c'est la craie; elle forme le fond du golfe, et sur elle reposent tous les terrains qui portent Paris. Ces terrains se recouvrent eux-mêmes les uns les autres, de telle sorte que, si l'on imagine le bassin parisien réduit aux dimensions d'une coquille, ils représenteront de celle-ci les lamelles superposées. La série des bancs se succède avec régularité. Il en est quelques-uns qui manquent sur certains points, mais il n'y a jamais aucun renversement : on pourrait donc les numéroter comme les feuillets d'un livre, auxquels ils peuvent aussi se comparer.

Le golfe est maintenant comblé, recouvert par ces bancs superposés; mais enlevons par la pensée les dépôts supérieurs, rétablissons les choses comme elles devaient être à l'époque où, dans une mer calme et profonde, se forma la craie. Les eaux s'étendaient alors du centre de la France au centre de l'Angleterre. C'était le déclin de la période que les géologues nomment secondaire, en raison de ce qu'elle a été elle-même précédée par la période primitive dans laquelle se déposèrent les premières couches terrestres.

Des myriades d'êtres microscopiques, les infusoires, vivaient dans la mer secondaire. La craie, roche tendre, grenue, qui a la même composition que le marbre statuaire, celle du carbonate de chaux ou calcaire pur, est formée des dépouilles de ces infimes animaux. Au milieu de la craie sont aussi des lits de silex provenant soit du passage d'eaux chargées de silice, soit des restes d'autres infusoires, à carapace siliceuse et non plus calcaire.

Des oursins, des seiches (les pieuvres d'alors), différents coquillages, quelques poissons ont laissé leurs débris dans la craie. Enfin, on y rencontre aussi des ossements d'oiseaux de la famille des autruches ; les volatiles de nos déserts tropicaux peuplaient les lieux où devait être plus tard Paris. Ces oiseaux venaient sans doute s'ébattre sur le bord de la mer crétacée, et plus d'un, trop curieux ou trop lent, dut se trouver pris à la marée montante, et laissa dans les lits crayeux ses restes pétrifiés.

Quand le terrain de craie se fut déposé, la mer se retira, ou plutôt le fond s'en exhaussa par un de ces mouvements du sol encore si fréquents aujourd'hui. Alors commence la période qu'on nomme tertiaire.

Des eaux boueuses s'étendirent sur le sol émergé, et ces eaux n'étaient plus salées, mais douces, comme celles d'un fleuve ou d'un lac. L'argile qu'elles contenaient se déposa en bancs épais sur la craie. Autour de ces marécages végétaient quelques arbres, du genre des palmiers ou des cèdres. Des restes de troncs à moitié carbonisés, de minces lits d'une houille sèche, friable, de couleur brune, des rognons épars de résine fossile transformée en ambre jaune, sont

les derniers survivants de cette végétation antédiluvienne.

Puis le sol s'affaissa, et de nouveau la mer
envahit le golfe parisien réduit à une moindre
étendue. Alors se déposèrent, dans des eaux
fortement minéralisées et chargées de carbonate
de chaux impur, toute une série de bancs de
couleur jaunâtre, d'un grain lâche, rude au toucher, au milieu desquels d'abondantes coquilles,
qui vivaient dans la mer tertiaire, laissèrent
leurs empreintes. A la base, ce sont surtout les
nummulites, coquilles cloisonnées, rondes,
plates, qui doivent à leur forme le nom qu'elles
portent (*nummus*, en latin pièce de monnaie).

Bientôt les nummulites disparaissent, et à la
partie supérieure du dépôt se présentent surtout
les cérithes en forme de cône, aux spirales dé-
croissantes, des *limaces pyramidales*, comme
les appelait Palissy. Des requins, des baleines
fréquentent aussi ces eaux, et ont laissé leurs
restes incrustés dans les lits calcaires qui se formaient. En beaucoup de points on peut suivre
les traces du rivage tertiaire, et on les reconnaît nettement à de nombreuses cellules cylin-

driques, de la grosseur du doigt, que des coquilles lithophages ont ouvertes dans la pierre,
en la perçant pour s'y loger. Ces coquilles, encore aujourd'hui, ne peuvent vivre à une grande
profondeur sous l'eau, et partant à une grande
distance du rivage.

Quand le calcaire coquillier s'est déposé, **une**
seconde fois la mer se retire, ou le sol s'élève
peu à peu. Le phénomène s'opère alors si lentement, que les eaux, en s'éloignant, abandonnent
des bancs de sable au milieu desquels on retrouve les plus minces, les plus délicates coquilles, admirablement conservées. Blanches,
nacrées, quelques-unes à peine visibles, elles
gisent intactes dans le sable, comme si le flux
s'était retiré tout à l'heure et allait venir les
reprendre. Sur quelques points, en s'aggluti-
nant, ces sables ont donné naissance à des grès
compactes.

C'est maintenant le tour des eaux douces. Des
lits de marne, de calcaire argileux, pétris de
coquilles lacustres et fluviatiles, se déposent au-
dessus des calcaires et des sables coquilliers
marins.

Cette série est surmontée de puissantes couches de gypse ou pierre à plâtre (sulfate de chaux), alternant avec de nouveaux lits de marne et de calcaire argileux. Au bord des marécages aux eaux sulfureuses où se forment ces dépôts, se montrent des oiseaux, des tortues, des crocodiles, et dans les eaux quelques mollusques, quelques crabes et quelques poissons, qui tous laissent leurs débris au milieu des bancs de gypse ou de calcaire marneux. C'est aussi à cette même époque que vivaient au bord de ces eaux, dans lesquelles ils venaient sans doute se baigner, les kanguroos et les sarigues, qu'on ne retrouve plus aujourd'hui qu'en Australie, tant les conditions climatériques et biologiques ont changé sur la terre depuis ces temps si reculés.

Alors existaient aussi, dans le bassin de Paris, les paléothères, les anoplothères, espèces depuis complétement éteintes, tenant du tapir et de l'hippopotame, et que Cuvier, par son génie, après les essais infructueux de bien des naturalistes, devait seul parvenir à reconstituer.

Sur la vue de quelques ossements incomplets et mutilés, retirés des plâtrières de Montmartre,

le fondateur de l'anatomie comparée, guidé par
une force de déduction peu commune, créa de
toutes pièces une nouvelle science, la paléontologie ou science des animaux fossiles, une des
plus grandes découvertes qu'ait jamais faites
l'esprit humain.

Au-dessus du terrain gypseux, la mer apparaît encore une fois. Des marnes vertes, jaunes,
brunes, des marnes calcaires blanchâtres, feuilletées, se déposent, et, au milieu d'elles, des
bancs d'huîtres; puis c'est le tour des grès et
des sables marins, jaunes, ferrugineux, coquilliers.

Au-dessus, au milieu de flaques d'eau douce,
ne formant plus que de petits bassins à la surface
du sol, se précipitent enfin des roches marneuses
et siliceuses. Celles-ci sont les meulières, roches
dures, rayant l'acier, criblées de cavités, et souvent pétries de coquilles. Ce dépôt est le troi-
sième des dépôts d'eau douce; il y a eu également trois dépôts marins, alternant avec les
premiers.

Cependant la période tertiaire poursuivait,
sur d'autres points du pays qui devait être un

jour la France, la série de ses formations. Elles donnaient naissance à de nouvelles roches, sœurs des précédentes, ou bien à du charbon, du sel, du soufre ou du minerai de fer. Mais alors le bassin de Paris, entièrement comblé et nivelé, s'élevait définitivement au-dessus des eaux, et l'âge tertiaire s'achevait sur le globe, sans qu'aucune révolution marquante eût lieu sur ce dernier point.

Il n'en fut pas de même au début de l'âge quaternaire, celui que les géologues ont si bien nommé le diluvium, car il a vu les plus grands déluges, les plus formidables cataclysmes qui aient jamais dévasté la terre. Une grande irruption des eaux, venue du sud-est, sillonne alors tout le bassin de Paris. Elle a laissé partout des traces de son passage, d'abord en creusant le lit de la Seine, puis en donnant aux collines et aux buttes qui s'élèvent au-dessus du sol (le mont Valérien, les buttes Montmartre, les buttes Chaumont) leur direction principale.

Elle a fait plus, elle a semé partout des débris énormes de roches, aux arêtes parfois vives et intactes, tant les transports ont été violents et rapides. Quelques-unes de ces roches proviennent des cimes granitiques et porphyriques du Morvan, d'où le déluge semble être parti. D'autres sont arrachées à des lieux plus voisins : ce sont des meulières de Meudon ou de Fontainebleau. On découvrit quelques gigantesques échantillons de ces dernières dans les fouilles faites au Champ de Mars en vue de l'Exposition universelle de 1867. Profitant de cet heureux à-propos, on décida que ces blocs eux-mêmes figureraient à l'Exposition, comme d'irrécusables témoins de l'histoire primitive de Paris. Malheureusement, on n'en prit pas assez de soin, et ils furent mis en pièces par des maçons qui se souciaient moins de la géologie que des moellons dont ils manquaient.

Les énormes dépôts de cailloux roulés et de sables fins qu'on trouve autour de la capitale à Ivry, au Champ de Mars, au bois de Boulogne, au Pecq et dans la forêt de Saint-Germain, pour ne pas citer d'autres lieux, sont une preuve convaincante de cette grande révolution géologique.

L'homme fut-il le témoin et la victime de

cette effrayante catastrophe? C'est probable; car
on a retrouvé au milieu de ces dépôts quelques-
unes de ces armes en silex de forme caracté-
risque, travaillées par l'homme primitif. Les
mammouths ou éléphants velus, les bisons, les
castors, les cerfs géants aux grandes cornes, qui
peuplaient les forêts où devait être plus tard
Paris, ont disparu également après le diluvium.
Emportés dans ce gigantesque cataclysme, ces
animaux ont laissé leurs restes pétrifiés au milieu des lits de sable et de galets. Des molaires
d'éléphants, d'énormes bois de cerf gisent là
avec les outils de l'homme contemporain de ces
êtres éteints. Aujourd'hui, le terrassier qui découvre ces débris est non moins étonné que le
paysan dont parle Virgile, qui ramenait sous le
soc de la charrue des épées, des casques rouil-
lés et des ossements humains provenant d'une
antique mêlée.

Tels sont les événements qui ont marqué, bien
avant les âges historiques, bien avant même la
naissance de l'homme, sauf pour l'ère diluvienne,
la formation du bassin de Paris et de la vallée
de la Seine. Ce bassin a joui de tout temps, au-

près des géologues, d'une grande célébrité. Les Brongniart, les Cuvier se sont plu à l'étudier dès les premières années de ce siècle, et aujourd'hui encore c'est sur ces terrains que la plupart des géologues français et étrangers aiment à vider leurs querelles. Les élèves des écoles savantes et ceux qui suivent les cours de géologie à la Sorbonne, au Muséum, au Collége de France, sont chaque année religieusement conduits par leurs professeurs sur les points principaux du bassin de Paris. Un personnage original, un guide comme la France n'en produit guère, Bertrand, auquel n'est inconnu le nom d'aucune couche du terrain parisien, quelque mince qu'elle soit, d'aucune coquille, quelque rare qu'elle puisse être, a toujours accompagné ces excursions. C'est lui qui porte, dans son havre-sac devenu légendaire, les marteaux, les échantillons, les fossiles ; mais depuis quelques années Bertrand cultive la bouteille, de préférence à la géologie, et ne rend plus les mêmes services qu'autrefois.

Reprenant maintenant la série des étages géologiques que nous avons vus se déposer, nous reconnaîtrons dans chacun d'eux des roches propres aux constructions et aux applications industrielles les plus variées.

A la base du terrain, c'est la craie, formant l'assiette sur laquelle repose tout l'édifice. La craie, combinaison de chaux et de gaz acide carbonique, sert, avant tout, à fabriquer de la chaux, par la cuisson dans des fours ouverts.

Mise en présence d'un acide énergique, tel que l'acide azotique ou sulfurique (eau-forte, huile de vitriol), elle dégage l'acide carbonique, élément de toutes les eaux gazeuses. Mêlée avec l'argile et la marne, et cuite avec elle dans des fours, elle donne d'excellents ciments. Elle fournit le crayon blanc, bien connu des mathématiciens; elle entre dans la préparation du papier peint, des cadres dorés; enfin, faut-il le dire? on l'utilise volontiers, grâce à sa couleur virginale et à son peu de valeur, pour altérer les blancs de plomb et de zinc, le plâtre, le sucre; mais une matière beaucoup plus lourde, le sulfate de baryte, exploitée presque uniquement dans ce but, a détrôné quelque peu la craie dans ces glorieux emplois.

Quant aux bancs de silex que la craie renferme, ils étaient naguère fort recherchés comme
pierres à fusil. Aujourd'hui on ne s'en sert plus
que pour l'empierrement des routes ou la fabrication du papier de verre.

La craie est surtout exploitée autour de Meudon. D'immenses galeries, ouvertes dans le sol
comme de gigantesques cryptes, donnent accès
dans les tailles où des ouvriers, armés de pics,
abattent la roche en gradins.

La pierre blanche est broyée dans des manéges
intérieurs conduits par des chevaux, puis lavée
et purifiée dans des bassins également souterrains. Au dehors la craie est desséchée et de
nouveau pulvérisée ou moulée en boules.

Montons à l'étage qui recouvre la craie, nous
y trouvons l'argile, la glaise des ouvriers, répandue en énormes bancs. D'une couleur gris-
bleuâtre, rouge sur quelques points, l'argile de
Paris est l'argile plastique par excellence. On
l'exploite au moyen de puits et de galeries par
lesquels on va attaquer le banc sous le sol, ou
bien à découvert si la profondeur où gît la roche
est faible. A Issy, on voit une immense ex-

ploitation conduite par cette dernière méthode.

L'argile se débite au hoyau en blocs réguliers, tendres, malléables, très-homogènes. On en prépare, à l'aide de quelques manipulations très-simples, suivies de la cuisson, des briques, des tuiles, des tuyaux de drainage, de cheminée ou autres, des vases et des plats de toute forme.

La faïence parisienne, jadis si renommée, était faite avec une variété blanche, très-pure, de cette argile, qui est encore employée à Sèvres pour divers usages. Quelques sculpteurs appliquent aussi au modelage la terre plastique de Paris.

Le calcaire coquillier qui surmonte l'argile est la pierre de taille et à moellon. Les géologues lui donnent le nom de calcaire grossier à cause de la rudesse de son grain.

Certaines variétés dures, siliceuses, qu'on rencontre surtout à Bagneux, sont employées de préférence à faire des marches d'escaliers (les marches du parvis de l'église de la Madeleine viennent de là); d'autres variétés, d'un tissu plus lâche, forment surtout la pierre à filtre des ménages, indispensable aux eaux boueuses de

Paris. Mais c'est principalement aux qualités qui en font un moellon et une pierre de taille de premier ordre, que le calcaire grossier doit le renom dont il jouit.

La pierre poreuse, légère, grenue, prend bien le mortier; tendre et durcissant à l'air, elle est d'habitude peu sensible aux gelées; elle se laisse facilement tailler et conserve indéfiniment les moulures.

Notre-Dame est sortie tout entière des vieilles carrières d'Ivry. Presque tous les matériaux qui ont servi à élever les monuments parisiens sont de même empruntés aux assises calcaires locales. Londres et Paris reposent sur la même couche argileuse, mais le bassin de Londres est sorti des eaux avant celui de Paris pour n'y plus rentrer, tandis que son voisin s'est baigné et exondé à plusieurs reprises, gagnant à chaque fois de nouvelles assises. Et voilà pourquoi Paris est une ville de pierre, et Londres une ville de briques.

Pendant les siècles historiques, de Julien à Napoléon, Paris est sorti de nouveau, mais d'une autre façon, de dessous terre, et s'est fait,

on peut dire, pierre à pierre avec les éléments
de son propre sol.

Aujourd'hui, c'est grâce encore à ses innombrables carrières que Paris a pu être démoli en
quelque sorte de toutes pièces, et reconstruit
comme par enchantement.

Toutefois, la mine n'est pas inépuisable, et les
carrières de quelques départements ont dû être
appelées à fournir un certain contingent. Les
chemins de fer rendent aujourd'hui ces emprunts
faciles.

Sur plusieurs des anciennes carrières de Paris
les travaux remontent au delà de quinze siècles.
Tout autour de la capitale et sous la primitive
Lutèce, existent des vides énormes dont une
partie forme aujourd'hui les catacombes. Dans
d'autres de ces souterrains, on élève des champignons, ou l'on remise pendant l'hiver des
plantes de serre. Quelques-uns, voisins des anciens murs d'octroi, ont servi longtemps à faci-
liter la contrebande.

Les bancs calcaires qui couronnent les assises
à pierre de taille et à moellon, et qui appartiennent à la même formation, sont argileux,

désagrégés, et portent chez les carriers le nom de *caillasses*. On les emploie avec quelques bancs inférieurs, de qualité médiocre, dans la fabrication du ciment ou de la chaux maigre. On tire parti de tout, et ces calcaires se prêtent, comme on voit, aux emplois les plus variés.

Avançons; élevons-nous encore dans la série géologique. Les sables qui dominent le calcaire grossier servent dans la verrerie et dans la confection des briques réfractaires, celles que ne saurait fondre le feu. Naturellement agglutinés, ces sables donnent aussi des grès très-durs, exploités pour le pavage, notamment à Beau-Champ (Seine-et-Oise).

Le calcaire lacustre déposé sur ces sables et ces grès marins n'est susceptible d'aucun emploi. Des lits fissurés de marne, de calcaire impur, qu'on peut suivre dans les fouilles que les embellissements récents de Paris ont fait ouvrir autour du boulevard Haussmann et de l'arc de triomphe de l'Étoile, sont un embarras pour les terrassiers eux-mêmes, qui ne savent que faire de ces matériaux désagrégés, émules des plus mauvais décombres.

Le gypse qui succède à ces bancs calcaires les remplace avantageusement, car ce n'est autre que la pierre à plâtre. Comme pour l'argile et la pierre de taille, les carrières sont souterraines ou à ciel ouvert.

Non moins que le calcaire grossier, le plâtre parisien est renommé, et, sous le nom de gypse de Montmartre, fait concurrence, sur bien des marchés lointains, aux plâtres indigènes. On s'en sert pour les badigeonnages et toutes les moulures. On connaît l'emploi du plâtre dans la statuaire, où il supplée si économiquement le marbre et le bronze. Comme la pierre calcaire, on peut dire que le gypse est exploité à Paris de temps immémorial, ou au moins depuis quinze à dix-huit siècles.

Au moyen âge, le plâtre servait à relier entre eux les pans de bois dont les vieilles maisons du pauvre Paris sont encore faites.

L'histoire ne dit pas si dès lors, comme à notre époque, les plâtriers italiens venaient dans la capitale mouler avec cette matière si pure leurs pieuses statuettes. Dante, qui a étudié à Paris et qui nous parle des banquiers lombards déjà établis chez nous de son temps, ne mentionne pas les mouleurs péninsulaires. Il faut croire qu'ils ne seront venus que plus tard, après la Renaissance, quand le réveil de la sculpture aura donné au peuple le goût des blanches *figurines*.

Aujourd'hui ces artistes nomades, établis autour de Montmartre, à Belleville et à la Villette, moulent avec le plâtre toutes sortes d'objets d'art. Tantôt ce sont des Vénus de Milo, des Diane de Gabies; tantôt, pour les âmes religieuses, des sainte Vierge et des saint Joseph, tout cela au plus bas prix, car les mouleurs n'ont pas à payer la réduction-Collas, et souvent même évitent la patente.

Ces étrangers qui parlent la langue dantesque, qui de nous ne les a rencontrés le soir, sur les boulevards, le long des quais, portant tout leur musée sur leur tête ou l'étalant à poste fixe? Les parapets des ponts et la grille de certains hôtels, dans le quartier Bréda, par exemple, sont leurs stations favorites.

Arrêtez-vous, vous qui passez insouciant, regardez leur exposition, souvent elle en vaut la peine, et reconnaissez dans toutes ces statuettes l'emploi aussi heureux qu'utile d'un des matériaux les plus communs et les plus purs du bassin de Paris, le gypse ou pierre à plâtre, à la couleur du blanc de neige quand il a été calciné.

Les marnes vertes et bariolées, qui forment le toit du terrain gypseux, sont presque partout exploitées en même temps que le gypse; ainsi, à Montmartre, aux carrières dites d'Amérique, près les Buttes-Chaumont, à Pantin, et sur la rive gauche de la Seine, à Antony. Ces marnes, soit seules, soit mêlées à la pierre à chaux, servent principalement par la cuisson à fabriquer du ciment et de la chaux hydraulique.

Faut-il continuer à dérouler ce catalogue de la richesse souterraine de Paris?

Parlerons-nous des meulières, des sables jaunes ferrugineux et des grès supérieurs, les premières employées, non-seulement comme meules de moulin[1], mais encore dans la bâtisse,

---

1. Les fameuses meules de la Ferté-sous-Jouarre, exploitées depuis plusieurs siècles, et expédiées dans le monde entier, sont comprises dans cette formation.

comme moellons d'excellent choix, durs, caver-
neux, faisant corps avec le mortier ; les seconds,
repoussés par les *limousins* comme trop ferrugineux, mais admis dans les cuisines pour le
polissage des cuivres, et dans tous les cafés de
la capitale pour sabler les parquets ; les troi-
sièmes enfin, usités surtout pour le pavage ?

Avec les grès de Fontainebleau, les Romains,
ces grands bâtisseurs, si bons juges en fait de
matériaux de construction, avaient dallé leurs
chaussées autour de Paris. Il n'y a pas longtemps qu'auprès du Petit-Pont on a mis à découvert toute une voie romaine pavée de larges
plaques de grès assemblées entre elles. Elles
rappelaient les plaques en basalte qui recouvrent
encore la voix Appienne dans la campagne de
Rome. Les dalles siliceuses de l'ancienne voie
de Lutèce ont été religieusement transportées
au musée de Cluny, où, dans un coin du jardin,
on a remis en place une partie de la gigantesque
mosaïque.

Aujourd'hui, ce n'est plus le grès ni le silex,
c'est le granite, c'est le porphyre, c'est le basalte le plus dur qu'il faut pour paver Paris, et

encore l'on n'y réussit pas. Le mouvement incessant des voitures, des charrettes, qui jour et nuit circulent dans l'active capitale, a réduit à néant toutes les prévisions, toutes les combinaisons de l'édilité parisienne. Le grès dur de Fontainebleau a été vaincu le premier. Après lui, c'est en vain que la Normandie, le Finistère, les Vosges et l'Auvergne ont fourni tour à tour leurs granites, leurs porphyres et leurs meilleurs basalte.

Les cailloux de silex dont on macadamise les chaussées des routes et des boulevards de Paris sont tirés du terrain diluvien. Nous savons qu'on les exploite aussi dans les bancs de craie, d'où les eaux les ont du reste arrachés lors des derniers cataclysmes terrestres. C'est principalement sur la rive gauche de la Seine, autour du Champ de Mars et de l'École militaire, à Grenelle, que sont fouillés ces bancs puissants de sable et de cailloux roulés. D'immenses excavations sont ouvertes dans cet ancien lit de la Seine, et les ouvriers, armés de pioches, démolissent la roche meuble et désagrégée.

Au moyen de claies, ils séparent les galets du

sable fin. Celui-ci est réservé à la fabrication du
mortier, tandis que les galets sont destinés à
l'empierrement des voies ou à la confection du
béton, mélange de mortier hydraulique et de
cailloux roulés, qui sert surtout à faire les fondations.

Résumons-nous. Ce que nous pouvions déjà
théoriquement prévoir par la première partie de
cette étude s'est de tout point confirmé : tous
les matériaux que réclame le constructeur sont
concentrés autour de Paris. L'argile à brique et
à tuile, la pierre à chaux, à ciment, à plâtre, le
moellon, la pierre de taille, le grès, le sable, le
gravier, sont partout ardemment exploités, et
ont donné lieu aux plus intéressantes industries.

Il faut maintenant dire un mot des ouvriers
eux-mêmes qui travaillent dans ces excavations,
et parler des carriers après avoir traité des carrières.

On ne saurait ranger dans un même type tous
les ouvriers qui travaillent aux carrières de Paris.

Ceux de la craie ne sont pas les mêmes que
ceux de l'argile; les carriers proprement dits,
ceux qui extraient la pierre de taille, ne res-

semblent pas aux plâtriers, ni ceux-ci aux terrassiers des sablonnières. Cependant, il est un
caractère commun que tous ces ouvriers ont
entre eux : la plupart sont étrangers et sont
venus de Normandie, de Picardie, de Bourgogne,
de Lorraine, du Limousin, de Bretagne. Ce sont
des ouvriers émigrants, et comme tels ils n'ont
pas apporté avec eux ces habitudes d'ordre,
d'économie, de stabilité qui font les bons ouvriers. Ils sont turbulents, batailleurs, dissipent
leur salaire dans le vin, observent religieusement le lundi, et se mettent volontiers en grève.
Mais, il faut le dire aussi, courageux, énergi-
ques, susceptibles de longs efforts, ils fournissent
une rude besogne et rendent service à la société
en prêtant leurs bras à l'une des industries les
plus indispensables, celle qui a pour but d'ar-
racher au sol les matériaux de construction.

Dans cette armée du travail, les salaires sont
assez élevés et peuvent atteindre 6 francs par
jour pour les ouvriers les mieux payés. Ce salaire
s'élève encore quand les ouvriers travaillent,
comme ils disent, à leurs pièces, à tant le mètre
cube, par exemple.

La fatigue est grande pour les premiers ouvriers. Dans la craie, c'est le piqueur qui mé-
nage la *trace* (l'entaille) sur le banc ; dans l'argile, le piocheur qui, armé du hoyau, debout ou
sur ses genoux, divise péniblement en mottes la
terre onctueuse et résistante ; dans le calcaire,
le *souchereur* qui, couché sur le flanc, excave
en dessous (souchève) le banc sur un de ses lits,
pour le faire ensuite tomber en porte-à-faux ;
dans le plâtre enfin, c'est le mineur armé du
fleuret, forant le trou de mine qui doit faire
éclater la roche : ce sont là les carriers d'élite.

Ces rudes travailleurs ne se sont fait aucune
opinion sur l'origine des terrains qu'ils exploitent. Pour eux, les oursins pétrifiés de la craie
sont des *châtaignes*, les bélemnites ou os de
seiches des *sucres d'orge*, et les coquilles fossiles
du calcaire grossier des *limaces* et des *escar-
gots*, comme au temps de Bernard Palissy. Que
de fois j'ai voulu connaître la façon de voir des
ouvriers carriers sur ces bancs de bivalves si
répandus dans tous les lits calcaires, et n'ai pu
obtenir d'eux que des réponses évasives !

« Ne croyez-vous pas, leur disais-je, que la

mer a passé par là, puisqu'elle y a laissé des coquilles?

— Nous ne savons pas, c'est possible, m'ont répondu les moins ignorants.

— Ça, des coquilles, disaient les autres, ça y ressemble, mais ça n'en est pas; c'est la pierre qui les a rejetées; c'est des formes de limaces qui sont dans la pierre. »

L'idée du déluge ne leur venait pas même à l'esprit. Moi, je n'insistais pas, me rappelant qu'il y a un siècle à peine, il y avait encore dans tous ces fossiles, même pour les savants, un *ludus naturæ*, un jeu de la nature, ce que des carriers et des mineurs toscans, à l'esprit cependant bien éveillé, appellent toujours un *giocco*. Quelques carriers parisiens, poussés à bout, prononçaient bien les mots de *tremblement*, de *craquement de la nature*, comme s'ils avaient eu une idée vague des cataclysmes qui ont présidé, sinon à la formation du bassin de Paris, du moins à celle d'autres terrains, et c'était tout : ils se taisaient après avoir donné ces raisons. Un d'eux, par hasard, se montra plus hardi que les autres. Je le rencontrai aux carrières de sable près de Meudon, dans la forêt, et nous nous mîmes à causer. C'était un ancien soldat; il avait fait les guerres d'Afrique, puis avait été matelot. De retour à Paris, il s'était employé aux carrières. Il avait travaillé d'abord à Montmartre, et prétendait y avoir trouvé les débris d'un navire fossile. Et comme je témoignais mon étonnement :

« A preuve qu'il y avait encore les plats-bords, me répondit le paléontologiste improvisé. Les navires ça me connaît, je suis Breton et j'ai navigué. Et puis, on trouve bien des coquilles et des poissons dans ces terrains de Paris; pourquoi pas des bateaux? »

Je me tus; il n'y avait rien à objecter à des raisons aussi convaincantes.

Si les carriers de Paris sont pour la plupart incrédules aux données de la géologie, ils ont des traditions et des légendes auxquelles ils sont fort attachés.

En voici une recueillie à Ivry. Un ouvrier m'avait remis un sol parisis du temps des Valois, trouvé dans une vieille excavation. Comme je lui recommandais de mettre à part tout ce qu'il pouvait rencontrer, lui démontrant l'utilité que cela pouvait avoir pour l'histoire locale :

« Quant à vos vieux sous, à vos vieux pics, je m'en bats l'œil, me répartit le carrier dans son énergique langage. Si c'était le liard de Pharaon, c'est différent.

— Qu'est-ce que cela, le liard de Pharaon?

— Le liard de Pharaon, monsieur, comment, vous ne le connaissez pas?

— Pas le moins du monde.

— Eh bien! c'est un trésor perdu dans les carrières au temps du roi Pharaon, et celui qui le trouvera s'enrichira du coup.

— Bonne chance, mon brave, trouvez-le donc.

— Je le voudrais bien. »

Et voilà comment, aux portes de Paris, j'ai recueilli une légende orientale ou tout au moins franc-maçonnique.

Oserai-je, après avoir parlé des hôtes habituels des carrières, dépeindre ici ces hôtes de passage que l'on rencontre principalement autour des plâtrières, comme à Montmartre et à Belleville ?

Les carrières d'Amérique sont surtout fameuses

par la fréquentation de ces ouvriers sans travail, pour ne pas les appeler autrement, et qui contrastent d'une façon si étrange avec les précédents. Les galeries sinueuses et profondes des carrières leur servent d'abri, mais surtout le sommet des fours à plâtre, où règne une douce chaleur et que protége une toiture. C'est là qu'ils dorment, sous la pierre qui cuit; c'est dans les boyaux souterrains qu'ils se cachent, quand la police tend ses filets et vient pour les surprendre.

Le matin au petit jour, le soir à la brune, véritables oiseaux de nuit, ils quittent leur refuge pour procéder à leur industrie.

Ils vont par bandes, deux par deux, trois par trois; l'un veille, l'autre opère. Ils enlèvent sur le pas des portes des jattes de lait pendant que la laitière tourne l'œil; à l'étal des bouchers, des quartiers de viande; aux devantures des épiciers, des boîtes de salaisons, et décrochent en passant, le long des magasins de confection, une paire de pantalons ou de bottes. Tout cela se fait de la façon la plus innocente du monde. Puis chacun revient; on tient conseil, on troque,

on partage. Celui qui n'a rien pris reçoit sa part,
à condition qu'il sera plus heureux le lendemain.
Celui qui a trop d'effets les échange contre des
victuailles : c'est une espèce de *clearing-house,*
montée sur le modèle de celle de Londres, où
les banquiers de la Cité, tous les matins, échan-
gent leurs papiers respectifs.

Ces industriels inventifs, qui ont du tien et
du mien une idée si peu nette, se donnent
entre eux le nom de *gouapeurs,* emprunté à
l'argot parisien. C'est comme qui dirait à la fois
paresseux et débauchés. Il y en a de tous les
âges. Un jour j'allais visiter les carrières d'Amérique. A mon approche, les gouapeurs en masse
décampèrent. Le moindre visage étranger les
émeut à ce point, tant ils craignent la surveil-
lance de la police.

Voyant grouiller un amas de haillons au-dessus
des fours, je demandai à mon guide ce que
c'était : « Ce sont les gouapeurs qui s'en vont. »
Et il me raconta sur eux ce que je viens de dire.

Nous nous enfonçâmes dans les galeries tor-
tueuses pendant que j'écoutais ce chapitre détaché des vrais mystères de Paris. Peu à peu les

gouapeurs, comprenant qu'ils n'avaient affaire qu'à un visiteur paisible, revinrent. Au dehors, le temps était froid, glacial, et sur le dessus des fours régnait au contraire une douce température. Je m'approchai. L'assemblée était au complet, moins un des habitués qui, la veille, était mort sur son four. Il s'y était endormi au lieu d'aller à la maraude. Les gaz dégagés dans la cuisson du gypse l'avaient asphyxié, et on l'avait porté à la Morgue, le matin même. De tels cas arrivent assez souvent; mais nul n'y prend garde.

Un des gouapeurs, roulé dans un vieux sarrau jaunâtre, comme un pouilleux de Murillo, grelottait de fièvre. Les autres dévoraient à belles dents des conserves volées le matin à l'ouverture des boutiques. La sardine de Nantes, dans sa boîte d'étain, faisait surtout figure. Quelques-uns, roulés dans d'immondes couvertures qu'ils portaient pour tout vêtement, digéraient étendus par terre, ou sommeillaient à demi, comme des Arabes enivrés de haschich. Il y avait dans tout ce monde quelques vieillards et beaucoup de jeunes *voyous.*

J'entamai la conversation. Elle prit bien vite

un tour particulier qui me força à quitter la
place. Je regrette de ne pouvoir transcrire ici
aucune des réponses, quelque spirituelles qu'elles
puissent être, que me firent mes interlocuteurs.
Au temps de Rabelais, on aurait pu encore
écrire de ces dialogues, ou plutôt de ces gra-
velures; mais aujourd'hui le lecteur français,
comme déjà au temps de Boileau, veut être
respecté.

Toute cette canaille me fit pitié. Il n'y avait
là nul sentiment, et l'on voyait qu'une paresse
invétérée avait poussé au mal tout ce monde, ce
nid de vagabonds précoces ou endurcis.

L'intérêt personnel empêche seul ces gens de
mal faire sur les lieux où ils se réfugient. Jamais
le moindre dégât aux fours ou aux carrières. De
leur côté, les exploitants ne chassent pas ces
voisins qui pourraient devenir encore plus in-
commodes, et vivent même en très-bonne intelligence avec eux. La police seule, de temps en
temps, vient faire sur les plâtrières d'abondantes
razzias. Mais que faire ensuite de tous ces va-
nu-pieds? On les lâche quand les prisons sont
pleines et que leur peccadille n'est pas grosse,

et ils recommencent le lendemain, vrais parias
de la société.

Comme on le voit, l'étude des carrières de
Paris offre au géologue, à l'architecte, à l'économiste et même au philosophe, un sujet d'observations fécondes, et ce sera notre faute si nous
n'avons pas tiré de cette étude tout l'intérêt et
tout l'attrait qu'elle comporte.

Dans tous les cas, nous ne pouvions mieux
finir ces notes de géologie que par l'étude des
terrains où la nature avait pour ainsi dire fixé
d'avance la place de la capitale de la France.

INTRODUCTION

A UN COURS DE GÉOLOGIE.

Ceux qui ont appris la langue d'Homère ne peuvent être embarrassés de définir la science que nous allons étudier. La géologie tire son nom des deux mots grecs γῆ (terre) et λόγος (discours); c'est donc la *science de la terre*.

Cette définition doit être prise dans son acception à la fois la plus générale et la plus élevée. La géologie a pour but l'histoire de la formation de la terre. Elle étudie la nature et la disposition des substances qui composent notre globe, les événements au milieu desquels elles ont été engendrées. Portant plus loin ses vues, elle fixe l'origine de la terre, elle suit le développement, la transformation des êtres dans les diverses étapes que la vie a parcourues depuis l'apparition du premier germe; elle marque les révolutions que notre planète a subies; elle calcule son âge, elle va jusqu'à déterminer son état futur et sa fin.

C'est là un immense domaine, et nous ne pourrons le visiter en entier. Je sépare même à dessein de la géologie des sciences sœurs que certains maîtres y rattachent : la *géographie*, qui a pour but la description de la terre actuelle ; l'*hydrologie* et l'*hydrographie*, sciences des eaux ; la *physique du globe* et avec elle la *météorologie*, qui étudient les phénomènes naturels dont notre terre est le théâtre ; enfin la *géodésie*, dont l'objet est de mesurer, de projeter les contours du globe, et de le rattacher au monde astronomique qui peuple l'étendue infinie.

Tout en séparant de la géologie ces sciences qui en dépendent, notre champ reste encore trop vaste ; car c'est une observation à faire que les sciences vont se dédoublant, se scindant à mesure que les découvertes nouvelles, dues à l'incessante activité de l'esprit humain, les étendent et les complètent. La physique, la chimie, l'astronomie, comprennent chacune aujourd'hui bien des branches distinctes. Il en est de même pour la géologie, née cependant d'hier comme tant d'autres sciences.

Dans l'histoire de la formation de la terre, voulez-vous seulement étudier l'origine, la naissance de la planète, les circonstances au milieu desquelles les matières qui la composent se sont formées, les révolutions qu'elle a subies? Vous entrez dans le domaine de la *géogénie*. Tous les philosophes, depuis Thalès, s'étaient égarés dans ces hautes spéculations; il était réservé à la chimie et à l'astronomie moderne, nées avec Lavoisier et Laplace, d'éclairer définitivement une route qui paraissait sans issue.

Voulez-vous au contraire ne suivre que le développement, les modifications des diverses formes revêtues par la vie à-travers le cycle géologique? C'est à la *paléontologie*, cette science des êtres éteints, fondée par les Cuvier et les Brongniart, que vous demandez des enseignements.

Faut-il enfin se borner à la connaissance des masses minérales, qui composent l'écorce terrestre, en étudier la nature, la distribution, l'arrangement? C'est alors à la géologie proprement dite que vous vous adressez, à cette partie de la science que le mineur saxon Werner, un de ses plus illustres fondateurs, appelait au siècle dernier du nom de *géognosie*, pour en indiquer nettement le but avant tout pratique. C'est là la partie de la géologie que nous avons à parcourir ensemble.

Dans les leçons qui vont suivre, nous bornerons presque toujours notre étude à la connaissance des masses solides qui composent les matériaux dont le globe est bâti.

Ces masses sont ce qu'on appelle les *roches*; les éléments constitutifs des roches sont les *minéraux*.

L'examen des roches, fait au point de vue que je viens d'établir, donne lieu à une science qu'on peut nommer la *lithologie* ou *l'étude des pierres*. C'est celle qui est surtout utile à l'architecte, qu'il lui est même indispensable de connaître, car les roches fournissent tous les matériaux qu'emploie l'art de bâtir. C'est la partie la plus modeste, mais en même temps la plus sûre de la géologie.

L'étude spéciale des minéraux forme l'objet

de la *minéralogie* et incidemment de la *cristallographie*, quand on examine l'individu minéralogique, le cristal, dans sa forme géométrique et
constante. Mais nous n'emprunterons à ces deux
sciences nouvelles que certaines données particulières, sans lesquelles nous ne saurions définir
et classer les roches.

Considérées sur toute l'*étendue* qu'elles occupent, et d'après le *mode* et l'*époque* de leur formation, les roches prennent le nom de *terrains*.
On peut dire que la géologie est la *science des
terrains*. On peut même donner de l'objet de
nos communes études, une définition imagée.
Les masses minérales solides forment comme
la charpente ou plutôt le squelette du globe. La
géologie les sépare, les classe, en fait en quelque sorte la dissection; nous dirons donc de
cette science que c'est l'*anatomie des terrains*.

Je n'ai pas besoin de m'étendre longuement
sur l'utilité de la géologie, étudiée sous l'un
quelconque des points de vue que je vous ai fait
connaître. Dans l'application, l'ingénieur, pour
la découverte et l'exploitation des minéraux
usuels, pour la recherche des eaux souterraines,

pour l'établissement des voies de communication : routes de terre, chemins de fer, canaux, s'inspire des leçons de la géologie. L'agronome, l'agriculteur, empruntent également à cette science quelques-unes de ses données : la terre végétale n'est formée en majeure partie que des détritus, de la désagrégation de roches préexistantes et encore en place. Le militaire, pour l'assiette des camps, l'attaque ou la défense des places; le marin, pour la reconnaissance des côtes, des atterrissements, des *aiguades* (endroits où l'on fait de l'eau), et j'ajouterai pour l'exploration de pays encore vierges, ont tous quelque besoin de la géologie. J'en dirai autant du chimiste pour la connaissance exacte des minéraux qu'il analyse, et du médecin pour celle des eaux thermales. L'aspect d'un pays est aussi quelquefois lié à ses maladies endémiques, et ce fait n'avait pas échappé au père de la médecin   à Hippocrate.

L'artiste lui-même peut également recourir à la géologie, non sans grands avantages : le peintre, pour mieux définir ses paysages, où le sol joue un rôle important, souvent mal interprété faute de connaissances suffisantes; le sculpteur, pour mieux choisir ses marbres ou son argile; et l'architecte, — est-il nécessaire de le répéter? — pour le bon emploi, et, s'il le faut, pour la découverte des matériaux de construction.

Maintes fois les grands architectes, les grands sculpteurs italiens, cette brillante pléiade de la Renaissance qui a Michel-Ange à sa tête, se sont rendus à Carrare pour y diriger l'extraction des marbres dont ils avaient besoin. Michel-Ange a même découvert de nouveaux gîtes encore aujourd'hui exploités.

Tout récemment, l'architecte qui dirige les travaux du nouvel Opéra de Paris a fait à son tour ce pèlerinage de Carrare, et vous voyez, par ces exemples, que la géologie peut servir de vestibule à l'architecture, ou tout au moins préparer l'architecte à cette connaissance intime des matériaux de construction et de leur gisement, qui me paraît comme le préliminaire indispensable du grand art de bâtir.

C'est là le côté pratique, en quelque sorte matériel, de la science; mais n'a-t-elle pas aussi, comme l'art, un but élevé et, si vous voulez, théorique, qui prête à réfléchir et agrandisse le domaine des spéculations de l'esprit? Oui, et sous ce rapport la géologie est même bien dotée. Comme elle a pour mission d'expliquer non-seulement l'origine du globe, mais encore celle des êtres, vous devinez que la religion, la philosophie, l'histoire, la poésie, peuvent lui emprunter plus d'une heureuse inspiration. Qui ne connaît les théogonies de l'Inde, de la Judée, de la Grèce, de Rome? Elles débutent toutes par une dissertation sur la formation du globe et la naissance des êtres, et ces préliminaires résument les connaissances géologiques alors si bornées de l'antiquité.

Descendant de la religion à l'histoire, il me serait facile de prendre des exemples autour de nous, de vous citer Ampère, Michelet, expliquant les mœurs et les évolutions des races par les caractères géologiques des pays où elles se sont développées. Il me serait aisé de montrer aussi le plus grand de nos prosateurs actuels (le mot n'a pas de féminin) étudiant la science de la terre, pour surprendre, dans le grand livre de la nature, quelques-uns des secrets qui nous sont encore inconnus, ou jeter comme un charme de plus dans la description de ces grands paysages dont George Sand a semé tant de ses romans.

Si la littérature peut s'aider des connaissances géologiques, celles-ci sont également utiles à l'administrateur et à l'économiste. La constitution géologique, déterminant la physionomie des habitants d'un pays et jusqu'à leur histoire, règle à plus forte raison l'aspect et les productions naturelles de ce pays.

C'est la géologie qui a poussé M. Michel Chevalier aux États-Unis; vous savez ce qu'il en est revenu, l'un des premiers économistes de notre temps. Dans ce pays, ce sont les *géologues d'État*, comme on les nomme, qui parcourent les premiers les forêts vierges, le mystérieux *Far-West*, pour les livrer ensuite au colon.

Enfin l'hygiène du corps et de l'âme se ressentent également bien des études dont nous parlons. En nous rapprochant des grands spectacles de la nature, en nous faisant vivre au milieu des hautes montagnes, des profondes vallées et de leurs populations primitives, les courses géologiques donnent au corps et à l'esprit comme une trempe vigoureuse. On rajeunit à ces fortes études. Plus que septuagénaires, les Brongniart, les Cordier, dont le Muséum déplore la perte, avaient encore, comme ils disaient eux-mêmes, le *pied géologue*. Le doyen des savants de notre temps, à quatre-vingt-quatre ans passés, M. d'Omalius d'Halloy, fait encore de longues excursions. Chargé en Belgique, son pays, d'une des plus hautes fonctions que puisse remplir un citoyen, il trouve le temps de mêler la science à la politique, et de joindre, cela peut se dire ici sans image, les fatigues du corps à celles de l'esprit. Je souhaite à tous une aussi grande science et une aussi belle vieillesse.

J'ai dit que la constitution géologique réglait l'aspect et les productions d'un pays, la physionomie des habitants et jusqu'à leur histoire ; le caractère des constructions monumentales ou privées en dépend à plus forte raison.

Il ne sera peut-être pas hors de propos de prouver par des exemples la vérité de ces diverses assertions, qui pourraient paraître étranges à

ceux qui ne croient pas en ethnologie à une certaine *influence des milieux.*

Michelet appelle quelque part la Bretagne une
terre de granit, de quartz et d'ardoise, et attribue à l'âpreté de son sol l'esprit d'opposition,
de résistance, dont ses habitants ont fait preuve
à tant d'époques de son histoire. Brizeux, le
poëte armoricain, définit à son tour son pays :

> La terre de granit recouverte de chênes.

M. Élie de Beaumont, le fondateur de la géologie française, a fait remarquer en maints passages de ses savants écrits que ces expressions *la
Beauce, la Brie, la Sologne, le Morvan, la Champagne, l'Ile-de-France, l'Ardenne,* etc., ne sont
pas seulement des expressions géographiques, et
désignent autant de formations géologiques différentes. La plupart de ces noms remontent aux
premiers jours de notre histoire, tant l'aspect
particulier de ces régions avait frappé l'esprit
des populations indigènes. Le paysan ne dit-il
pas encore de nos jours, en citant une contrée :
C'est un pays de *châtaignes,* de *forêts,* de *vignobles,* de *prairies?* Ne vous étonnez pas s'il y a

sous chacun de ces mots une constitution géologique spéciale, ce que l'homme du monde ex-
prime à son tour par les expressions un peu plus
précises de pays de *granit*, d'*ardoise*, de *calcaire*, de *craie*, de *marne*, d'*argile*, etc.

J'allais oublier un de ces pays, mais j'y re-
viens, car il a une importance capitale à notre
époque industrielle, c'est le *pays de charbon*, le
pays noir, comme l'appellent les Anglais. Nos
voisins disent aussi les *Indes noires*, par allusion
aux richesses qu'ils retirent du combustible fossile, et aux pays qu'il a fécondés. Voyez d'ici
Birmingham, Sheffield, Manchester, Liverpool,
Newcastle, Sunderland, Newport, Cardiff, Swan-
sea, c'est à la houille que tous ces centres industriels, que tous ces grands ports de mer doivent
leur prééminence. En France, Saint-Étienne,
Saint-Chamond, Rive-de-Gier, Alais, Bességes,
le Creuzot, Anzin, Denain; en Belgique, Liége,
Namur, Charleroi, Mons, ont été également créés
ou développés par la houille, qui a donné en
même temps à toutes ces populations de mineurs charbonniers des habitudes et un caractère distinctifs.

N'êtes-vous pas encore suffisamment convaincus que la structure du sous-sol peut régler jusqu'à l'aspect extérieur d'une contrée, jusqu'aux mœurs de ses habitants? D'autres exemples frapperont peut-être mieux votre esprit.

L'existence de quelques roches, propres à la sculpture, à l'architecture, à l'ornement, a fait de Carrare et de Volterre, en Italie, des centres artistiques des plus curieux. M. A. Burat, mon excellent maître, a remarqué le fait avant moi. « A Carrare, dit-il, tout le monde est sculpteur. » A Volterre, le travail de l'albâtre s'est aussi perpétué de père en fils, depuis trois mille ans. Depuis que les Étrusques ont apporté en Italie les rudiments des beaux-arts, les Volterrans exploitent leurs carrières d'albâtre. Aujourd'hui encore ils travaillent cette matière avec tant d'art, que les objets sortis de Volterre se répandent dans le monde entier. Autour de nous ne voyons-nous pas la découverte du kaolin, l'argile à porcelaine, fixer à Limoges, dès le milieu du siècle passé, une importante fabrication; et tout récemment celle du marbre onyx, si estimé jadis des Romains, et retrouvé dans notre colonie algérienne, provoquer à Paris, où on l'apporte brut, la naissance d'une industrie spéciale?

Mais c'est surtout sur l'art des constructions que réagit la structure souterraine d'un pays. Cette observation n'avait pas échappé à l'esprit si pénétrant de Cuvier. Athènes est au pied des montagnes de marbre; Rome a emprunté au travertin, calcaire, tendre, poreux, prenant bien le mortier, se laissant facilement tailler, durcissant à l'air, la plupart de ses monuments. Paris doit à ses carrières de pierre de taille, d'argile, de plâtre, de craie, de ciment, de sable et de gravier, ses innombrables constructions. C'est grâce à tant d'heureux éléments, rassemblés là comme par miracle, qu'on a pu sous nos yeux jeter pour ainsi dire la capitale à bas et la rebâtir à nouveau.

Sur d'autres points, l'exploitation de quelques pierres, propres aussi à la construction, a développé de vastes industries, qui envoient leurs produits dans tout l'univers. Qui ne connaît les ardoises d'Angers, des Ardennes, les tuiles et les briques de Bourgogne?

Irai-je maintenant, par des exemples différents, montrer que la géologie d'un pays influe
même sur son histoire? Mais les plus grands
noms de bataille dévoilent la physionomie géologique d'un pays.

Les Thermopyles vous dénoncent les montagnes ardues, sauvages, au milieu desquelles
tomba Léonidas; Gergovie, Alésia, les crêtes à
pic sur lesquelles le Gaulois Vercingétorix,
notre ancêtre, s'était abrité contre les attaques
de César, comme dans une forteresse imprenable. J'ai vu, dans le Saône-et-Loire, les ruines
des deux autres camps retranchés des Gaulois,
Rème et Rome, pitons jumeaux en face l'un de
l'autre, ainsi nommés sans doute par quelque
plaisant centurion. L'endroit est sur la limite de
la Bourgogne et du Mâconnais, c'est ce qu'on
pourrait appeler dans la carte géologique et
physique de France un *point singulier*, comme
dans les courbes mathématiques; c'est là que
passe la grande ligne divisoire entre les eaux
qui se rendent à l'Océan et celles qui descendent à la Méditerranée.

Dans les plaines de la Lombardie, dans celles

de l'Allemagne, tous les noms des grandes batailles de l'Empire dénotent des situations que le géologue retrouvera facilement sur les cartes.

Voyez autour de Paris, en allant vers le Rhin, le seul point d'où peut venir pour nous une attaque sérieuse, ces lignes naturelles de défense ; chacune indique la ligne de séparation de deux terrains géologiques, chacune porte un nom de bataille que l'invasion de 1814 ou les guerres de la République ont rendu fameux. C'est Montereau, Montmirail, Champaubert, Valmy et Brienne ; les défilés de l'Argonne, Bar-sur-Seine, Bar-sur-Aube, Ligny, Toul, Verdun, Longwy et Montmédy, sextuple circonvallation opposée par la nature aux incursions de l'Europe occidentale vers un point qu'elle n'a pris qu'une fois.

J'ai annoncé que le cours que j'avais à faire serait avant tout pratique. Nous ne traiterons que de la distribution dans l'écorce terrestre des roches propres à fournir des matériaux de construction. Nous laisserons de côté toute la partie spéculative de la géologie, celle qu'on pourrait appeler philosophique, et qui méritait naguère encore le nom de mythologique, tant elle restait obscure et nébuleuse, je veux dire les théories cosmogoniques, les discussions bibliques, etc.

Nous ne nous passionnerons non plus pour aucune école, ni pour l'école que j'appellerai *révolutionnaire* ou *des soulèvements*, si grandement inaugurée par Cuvier et M. Élie de Beaumont, et qui admet dans des périodes géologiques, comme en histoire, des époques de calme et de révolution ; ni pour l'école que je nommerai *pacifique* ou *des causes actuelles*, qui veut que tout se soit accompli en ce monde avec paix et lenteur, suivant l'axiome de Linné que la nature ne fait pas de sauts, *natura non facit saltus*. Cette école, qui a eu autrefois à sa tête un savant français, Constant Prévost, est aujourd'hui glorieusement défendue par un géologue anglais, M. Lyell : une partie des géologues français suivent aussi volontiers cette bannière. Pour nous, nous n'en suivrons aucune, et bien que mes préférences, je ne le cache point, soient pour l'école des soulèvements, nous ferons en géologie, comme

M. Cousin en philosophie, de l'éclectisme; c'est peut-être le meilleur parti. Encore plus renoncerons-nous à parler d'autres systèmes préconçus, moins solides que les précédents. Et surtout nous nous garderons d'imiter ces savants de cabinet qui, semblables aux moines du Bas-Empire, ergotent sur des infiniment petits, sur des terrains microscopiques, et façonnent la terre sur le modèle des bassins de Londres ou de Paris.

La géologie positive, qui occupe aujourd'hui un rang si distingué dans les sciences naturelles, est née d'hier. Il y a un siècle à peine que Guettard, Monnet, Lavoisier, à des titres divers, en jetaient les bases en France; venaient ensuite, en Angleterre, Hutton et Smith; en Allemagne, Werner; en Suisse, Saussure. Après eux arrive une phalange serrée qui reconnaît pour chefs Cuvier, Brongniart, MM. Élie de Beaumont et Dufrénoy, en France; M. d'Omalius d'Halloy, en Belgique; de la Bèche, Buckland, Sedgwick, MM. Murchison et Lyell, en Angleterre; Humboldt et de Buch, en Allemagne. La science a été brillamment fondée par cette

pléiade d'observateurs : de l'état d'incertitude
où elle se débattait, elle est tout à coup entrée
dans le domaine des faits positifs. Elle y est
entrée si décidément, que l'on pourrait citer
nombre de vaillants soldats presque aussi illustres que les chefs que j'ai nommés.

Les leçons de tous ces maîtres ont eu pour
premier résultat d'asseoir sur des bases presque
définitives la classification générale des terrains.

Les géologues divisent aujourd'hui les terrains en deux familles principales : les *terrains
éruptifs* et les *terrains sédimentaires*. Les premiers, composés de matières ordinairement
cristallines et d'apparence vitreuse, semblent
avoir été fondus et solidifiés sur place. Ils se
présentent en masses souvent énormes, remarquables par l'élévation, la rudesse, l'acuïté de
leurs contours; ils forment comme les fondements et les chaînons de l'édifice géologique;
ils sont fissurés, mais irrégulièrement; enfin ils
ne renferment aucune trace de plantes ou d'a-
nimaux contemporains de l'époque de leur formation.

Les seconds sont en masses plates, continues, séparées par des joints parallèles comme les assises d'une immense muraille. Ils contiennent des sables et des galets agglutinés, des empreintes ou des restes de plantes, de coquilles, d'ossements. Ils sont adossés aux terrains précédents, et paraissent souvent constitués de leurs débris. Ils présentent tous les caractères de dépôts formés sous les eaux En beaucoup de cas, ils ont été soulevés, disloqués par l'apparition des terrains éruptifs. Tandis que ces derniers, examinés sur une grande étendue, n'offrent qu'une sorte d'alignement plus ou moins régulier, les terrains sédimentaires ont non-seulement une *direction* qui reste sensiblement la même dans le même lieu, mais encore une *inclinaison* obéissant à la même loi; et quant à l'épaisseur des masses qui les composent, elle est aussi à peu près constante pour chacune d'elles. Ces masses ainsi considérées sont ce qu'on nomme les *strates*, et l'on appelle *stratigraphie* cette partie de la géologie qui a surtout en vue l'étude des terrains sédimentaires par rapport à l'ordre de superposition des strates.

Les terrains sédimentaires portent souvent le nom de terrains *stratifiés, aqueux* ou *neptuniens*. On dit qu'ils sont *marins, fluviatiles* ou *lacustres*, suivant que leur dépôt a eu lieu dans une mer, un fleuve ou un lac. On les nomme *terrains de transport* quand les divers éléments qui les composent ont été violemment roulés, charriés, avant de se déposer.

A leur tour les terrains éruptifs s'appellent aussi *massifs, ignés* ou *plutoniens*. Le feu, ou du moins une température élevée, a joué le principal rôle dans la formation de ces terrains. Les terrains *volcaniques* sont de la famille des terrains éruptifs.

Il est deux autres sortes de terrains purement accidentels, qui ne sont même que des variétés des précédents, mais que je ne saurais passer sous silence, ce sont les *terrains métamorphiques* et les *terrains filoniens*. Les premiers sont des terrains sédimentaires modifiés, transformés, en un mot *métamorphosés*, souvent sur de très-grandes étendues, par l'apparition des terrains éruptifs ou par des phénomènes analogues. Les seconds ne sont le plus souvent

autre chose que des terrains éruptifs sur une
très-petite échelle, et tirent leur nom de ce
qu'ils comprennent toutes les roches en filons,
pierreuses ou métallifères.

Ces mots de plutoniens et de neptuniens ont
sans doute réveillé le souvenir des vieilles querelles géologiques, dont vous avez peut-être lu
l'histoire dans les livres, car, grâce à Dieu, elles
n'ont pas eu lieu de notre temps. Elles sont
maintenant assoupies; et il n'était pas trop tôt,
elles avaient commencé avec le monde. Les
écoles de Chaldée les avaient transmises à
l'Égypte, et l'Égypte à la Grèce, où Thalès et
Héraclite furent les plus illustres champions
de ce grand débat. Il s'agissait de savoir lequel de ces deux éléments, le feu ou l'eau,
avait donné naissance à la terre. Grave question. Thalès penchait pour l'eau, Héraclite prô-
nait le feu.

Les Romains, gens pratiques, moins ergoteurs que les Grecs, adoptèrent, avec l'école de
Pythagore, les deux éléments à la fois. Lucrèce,
Virgile, Ovide ont écrit là-dessus de fort beaux
vers.

Dès l'époque moderne, les vieilles discussions géogéniques se raniment avec Bernard Palissy, le *potier de terre*, puis avec Descartes, Sténon, et après eux Leibnitz. Les uns penchaient pour le feu, les autres pour l'eau.

Buffon continua la discussion, et Voltaire intervint un moment dans la querelle pour y mêler ses moqueries acerbes et ses erreurs scientifiques.

Les luttes étaient redevenues assez calmes, quand l'Écossais Hutton et l'Allemand Werner, vers la fin du siècle dernier et le commencement de celui-ci, ravivèrent le débat. L'un arborant la bannière de Pluton et de Vulcain, et l'autre celle de Neptune, ils divisèrent de nouveau, pendant longues années, le monde géologique en deux camps. Vers cette même époque, Smith posait en Angleterre les bases de la stratigraphie, et détruisait heureusement ce que les théories huttoniennes avaient de trop absolu.

De même en Allemagne, Humboldt et Léopold de Buch, élèves tous deux du grand Werner, devaient peu à peu débarrasser les théories du maître de ce qu'elles offraient d'erroné et de préconçu. Un compromis s'est enfin établi **entre** les deux écoles et les débats ont pris à **cette** heure une autre direction, car il faut toujours qu'on discute.

Plutonistes et neptuniens se donnent désormais la main. Il est admis à peu près sans conteste que le feu et l'eau ont joué également un rôle dans la formation de notre planète, et, comme le dit Béranger, que l'on ne s'attendrait guère à entendre citer à propos de géologie :

> Notre planète eut une enfance étrange,
> Buffon l'a dit, Cuvier l'a constaté :
> Un peu de feu qu'enserre un peu de fange
> Donna naissance à ce monde encroûté.

Il n'était guère possible d'exprimer en plus beau langage et d'une façon plus concise les principes sur lesquels s'appuie toute la science géologique moderne.

FIN.

TABLE.

FIN DE LA TABLE.

ERRATA.

Page 40. — C'est par erreur que le gisement du pétrole américain a été indiqué comme contemporain des formations secondaires; il fait partie des formations primaires, et se rencontre dans des dépôts inférieurs au terrain houiller. La décomposition de plantes marines et d'animaux gélatineux paraît avoir donné naissance au pétrole d'Amérique.

Page 61, ligne 8, au lieu de *l'ivoire,* lisez *l'émail.*

IMPRIMÉ PAR CH. NOBLET, RUE SOUFFLOT, 18